茶艺

从入门到精通

徐馨雅 编著

中国华侨出版社
·北京·

图书在版编目（CIP）数据

茶艺从入门到精通 / 徐馨雅编著 . -- 北京 : 中国
华侨出版社，2025. 4. -- ISBN 978-7-5113-9314-2

Ⅰ . TS971.21

中国国家版本馆 CIP 数据核字第 2024VA4611 号

茶艺从入门到精通

编　　著：徐馨雅

责任编辑：刘晓静

封面设计：冬　凡

美术编辑：张桓堃

经　　销：新华书店

开　　本：720mm×1020mm　1/16 开　　印张：18　字数：302 千字

印　　刷：三河市兴达印务有限公司

版　　次：2025 年 4 月第 1 版

印　　次：2025 年 4 月第 1 次印刷

书　　号：ISBN 978-7-5113-9314-2

定　　价：55.00 元

中国华侨出版社　北京市朝阳区西坝河东里 77 号楼底商 5 号　邮编：100028

发 行 部：（010）88893001　　　传　真：（010）62707370

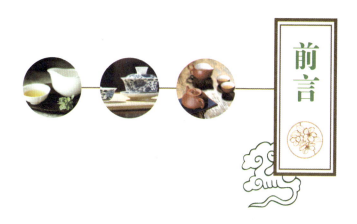

茶为国饮，千百年来，无论时代如何更迭、社会怎样变迁，它始终伴随并滋养着人们，在人们的生活中不可或缺。茶是至清至洁之物，雅俗共赏，可饮可食、可浓可淡，亦可入药，又是绝佳的保健饮料。一间雅室，几位好友，在茶香袅袅中，在唇齿回甘中谈天说地，乃人间乐事。

用一本书的厚度，感知茶事。书中对茶的研究包含四个方面，即识茶、鉴茶、泡茶、品茶。识茶是认识茶，主要目的在于看清楚茶，包括其源流、种类、保存方法以及世界不同地域的茶俗。我国是最早种茶的国家，也是世界茶文化的源头，没有哪一个国家的人能比中国人对茶的了解更深刻。就茶的渊源来说，人们通过其发展历程可以判断出许多与茶相关的事，这对鉴赏与享用都是有帮助的，对茶种类的了解也是十分重要的。我国有着上千种茶叶类型，每种都有其独特的品质与特点，若我们深刻了解这些，那么在冲泡及品饮过程中也能起到至关重要的作用。茶的贮存是极其重要的，如果贮存不当，一罐好茶说不定就在我们的疏忽大意间变成了无用之物，我们也不能尝到它甘美醇香的味道。

鉴茶不外行，选茶有绝招。鉴茶时，科学的方法很重要。任意一款茶大致都是从其色、香、味三个方面进行"一看二闻三品"的鉴别。一看：首先要仔细观察茶叶的颜色、条索、内飞、包装纸，以及所有涉及这款茶叶所呈现的外观，从视觉上

1

得出初步的印象。然后要看茶叶冲泡后的状态。比如，茶叶舒展快慢的程度，舒展得越快茶就越好；伸缩度，主要是茶叶未展开与完全展开的对比度，伸缩度越大茶就越好；看茶汤，茶汤越通透、油亮、清澈，茶就越好。最后还要看叶底。叶底越肥厚、油润、富有弹性，茶就越好。二闻：香气自然，没有杂味，茶就越好。而且冲泡前要闻，冲泡后也要闻。冲泡前闻的是干茶的各种味道，熟茶主要闻它的年份及存储条件，生茶则闻它的产地和存储情况，各有不同的侧重点。三品：浸泡 5 分钟可试其味，滋味越厚，甜、苦平衡，回甘强而持久，茶就越好。

喝茶容易，品茶难。从爱茶人变为懂茶人，关键在于掌握品茶的真谛。品茶不仅是品茶汤的味道，也是一种优雅的艺术享受，因为喝茶对身体健康有很多好处，同时品茶本身还能给人们带来无穷的乐趣。首先，品茶讲求的是观茶色、闻茶香、品茶味、悟茶韵。这四个方面都是针对茶叶茶汤本身而言，也是品茶的基础。其次，品茶的环境也是不可忽视的。试想，在一个嘈杂、脏乱的环境中品茶，一定会破坏饮茶的气氛。因而，自古以来的名人雅士都追求一个静谧的品茗环境，从而达到最佳的品茶效果。最后，品茶还重视心境，它需要人平心、清净、禅定，如此才会获得愉悦的精神享受。好山、好水、好心情，好壶、好茶、好朋友，这便是茶道的最高意境！

从爱茶到懂茶，只是一本书的距离。本书致力解决新手面临的各种疑难问题，是一本为想学茶或正在学茶的爱茶人士提供的入门图书，也是一本集识茶、鉴茶、泡茶、品茶、茶艺、茶道于一体的精品茶书。百余幅清晰大图与精湛文字结合，将与茶相关的细节一一展现在读者面前，就像带读者走进了一个茶的清净世界。

目录
CONTENTS

第一章
寻茶问道知茶情 **识茶篇**

第二章
鉴茶不外行，选茶有绝招 鉴茶篇

第三章

选好水，择佳器，泡好茶　泡茶篇

第四章

品茶香，知茶事，悟茶道　品茶篇

第一章

寻茶问道知茶情

识茶篇

茶的起源与历史

中国是茶的故乡，也是世界茶文化的源头。穿越了千年历史，从最初的神农尝百草到越来越多的人将茶作为居家必备、待客首选的饮品，茶已经融入我们的生活，成为人们日常生活中不可或缺的一部分。那么，要想更多地了解茶，就从茶的渊源开始吧。

茶的渊源与盛行

从上古时代的神农尝百草到现代社会，中国人对茶的需求越来越广泛，"以茶敬客"也成为生活中最常见的待客礼仪。饮茶习俗，在中国各民族传承已久。

取茶叶作为饮料，古人传说始于黄帝时代。《神农本草经》中说："神农尝百草，日遇七十二毒，得荼（茶）而解之。"

神农就是炎帝，我们的祖先之一。一日，他尝了一种有剧毒的草，当时他正在烧水，水还没有烧开就晕倒了。不知过了多久，神农在一阵沁人心脾的清香中醒来，他艰难地在锅中舀水喝，却发现沸腾的水已经变成了黄绿色，里面还漂着几片绿色的叶子，那清香就来自锅中。几个小时后，他身上的剧毒居然解了！神农细心查找之后发现锅的正上方有一棵植物，研究之后发现了它更多的作用。这则关于茶的传说，可信度有多高，尚不可知，但有一点是明确的，即茶最早是一种药用植物，它的药用功能是解毒。

两汉到三国时期，茶已经从巴蜀传到长江中下游。到了魏晋南北朝时期，茶已被广泛种植，渐渐地在人们日常生活中居于显著地位，甚至有些地方还出现了以茶为祭的文化风俗。茶已从普通百姓阶层进入上层社会，不仅僧人与道家借此修行养生，在当时的文人雅士中，茶也成为他们的"新宠"。

"茶兴于唐，而盛于宋。"唐代，出现了一位名叫陆羽的茶圣，他总结了历代制茶和饮茶的经验，写了《茶经》一书。陆羽在书中对茶的起源、种类、特征、制法、烹蒸、茶具、水的品第、饮茶风俗等做了全面论述。他还被召进宫，得到皇帝的赞赏。唐朝注重对外交往，经济开放，因而从各种层面上对茶文化的兴盛起了推动作用。于是唐代茶道大兴，同时在我国茶文化发展史上开辟了划时代的篇章。

宋代，中国饮茶习俗达到更高的水平，茶已经成为家家"不可一日以无"的日用品之一。上至皇帝，下至士大夫，都有关于茶饮的专著。这时民间还出现了茶户、茶市、茶坊等交易、制作场所。其习俗中，最有特色的是斗茶。斗茶，不仅是饮茶方式，也是一种精神文化享受，把饮茶的美学价值提升到一个新的高度。与此同时，茶叶产品不再是单一的团茶、饼茶形式，而是先后出现了散茶、末茶。此时，茶文化已然呈现一派繁荣的景象，并传播到世界各国。

明清时期，茶叶的加工制作和饮用习俗有了很大改进。进入清代以后，茶叶出口已经成为正式的贸易途径，在各国的销售数量也开始增加。此时，炒青制茶法得到普遍推广，于是"冲饮法"代替了以往的"煎饮法"，这也是我们今天所使用的饮茶方法。明朝时涌现出大量关于茶的诗画、文艺作品和专著，茶与戏剧、曲艺、灯谜等传统文化活动融合起来，茶文化也有了更深层次的发展。

发展至近代，随着品种越来越丰富，饮用方式越来越多样，茶已成为风行全世界的健康饮品之一，各种以茶为主题的文化交流活动也在世界范围内广泛开展，茶及茶文化的重要性也因此日趋显著。品茶已经成为美好的休闲方式之一，为人们的生活增添了更多的诗情画意，深受各阶层人们的喜爱。

 茶典、茶人与茶事

"茶"字的由来

最早的时候，人们用"荼"字作为茶的称谓。但是，"荼"字有多种含义，易发生误解；而且，"荼"字是形声字，草字头说明它是草本植物，不合乎茶是木本植物的身份。到了西汉，《尔雅》开始尝试着借用"槚"字来代表茶树。但槚的原意指楸、梓之类的树木，用来指茶树也易引起误解。所以，在"槚，苦荼"的基础上，又造出一个"搽"字，读"茶"的音，用来代替原先的"槚""荼"等字。到了陈隋之际，出现了"茶"字，改变了原来的字形和读音，多在民间流行使用。直到唐代陆羽《茶经》问世之后，"茶"字才逐渐流传开来，被用于正式场合。

穿越千年墨香的茶历史

作为中国最古老的饮品，茶已经成为国人生活中密不可分的一部分。它不受地域限制，被接受程度高，因此得以流传下来。

1. 古老的药材

我国最早发现茶和利用茶的可考时间，大约可以追溯到原始社会时期。当时，人们直接食用茶树的新鲜叶片，从中汲取茶汁。

那时，人们将含嚼茶叶作为一种习惯，时间久了，生嚼茶叶变成了煮熟服用。人们将新鲜的茶叶洗净，用水煮熟，连同汤汁一同服下。不过煮出来的茶叶味道苦涩，当时人们主要将它当作药或药引。如果有人生病了，人们就从茶树上采摘下新鲜的芽叶，取其茶汁，或是配合其他中药让病人一同服用，虽然煮出来的茶水非常苦，但有着消炎解毒的作用。这可以说是茶作为药用的开端。

2. 以茶为食

慢慢地，茶在人们生活中的作用开始发生变化。以茶作为食物，并不是近现代才发明的新创意。《诗经·唐风·椒聊》："椒聊之实，蕃衍盈升。"早在汉代之前，人们就以茶当菜，将茶叶煮熟之后与饭菜一同食用。那时，食用茶的目的不仅是解毒，同时也是增加食物滋味与营养。三国时，魏国已出现了茶叶的简单加工：先将采来的叶子做成饼，晒干或烘干，这是制茶工艺的萌芽。

到了唐宋时期，皇宫、寺院以及文人雅士之间盛行茶宴。茶宴的大致过程是：首先由主人亲自调茶或指挥、监督，以表示对客人的敬意；其次献茶、接茶、闻茶香、观茶色、品茶味；最后客人评论茶的品第，称颂主人品德，赏景作诗等。整个茶宴的气氛庄重雅致，礼节严格，所用茶叶必须是贡茶或是高级茶叶，茶具必为名贵茶具，所选取的水也要取自名泉、清泉，其奢侈程度令人咋舌。

3.饼茶、串茶、茶膏的出现

饼茶又称团茶，就是把茶叶加工成饼。它始于隋唐，盛于宋代。隋唐时，为改善茶叶苦涩的味道，人们开始在饼茶中掺加薄荷、盐、红枣等。欧阳修《归田录》中写道："茶之品，莫贵于龙、凤，谓之团茶。凡八饼重一斤。"初步加工的饼茶仍有很浓的青草味，经反复实践，人们发明了蒸青制茶法，即通过洗涤鲜叶，蒸青压榨，去汁制饼等工序，使茶叶苦涩味大大降低。

饼茶　　　　　　　　　　　串茶　　　　　　　　　　茶膏

《梦溪笔谈·杂志二》中说："古人论茶，唯言阳羡、顾渚、天柱、蒙顶之类，都未言建溪。然唐人重串茶黏黑者，则已近乎建饼矣。"唐朝人将饼茶用黑茶叶包裹住，在中间打一个洞，用绳子串起来，称其为串茶。

茶膏现如今很少被人提及，只有在过去宫廷中才被饮用。饮茶时先将茶膏敲碎，再经过仔细研磨、碾细、筛选，然后置于杯中，最后冲入沸水，整个过程非常烦琐。

4.散茶的出现

最早的砖茶、团茶被称为块状茶，饮用方式也不像现在这样对茶叶进行冲泡，而是采用"煮"的方式。直到宋朝中后期，茶叶生产才由先前的以团茶为主，逐渐转向以散茶为主。到了明代，明太祖朱元璋发布诏令，废团茶，兴叶茶，才出现散茶。从此人们不再将茶叶制作成饼茶，而是直接在壶或盏中沏泡条形散茶，人们的泡茶、饮茶方式发生了重大的变革。饮茶方法也由"点"茶演变成"泡"茶。我们现在通行的"泡茶"的说法始于明朝，清代开始广为流行。

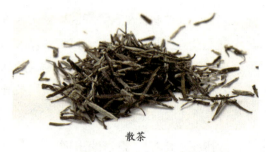

散茶

5. 七大茶系产生

茶文化发展到清朝时，奢侈的团茶和饼茶已经被散茶取代，但我国的茶文化却在清朝完成了由鼎盛到顶级的转化。清朝的茶饮最突出的特点就是出现了七大茶系，即绿茶、红茶、黄茶、黑茶、白茶、花茶和乌龙茶（青茶）。

绿茶（黄山毛峰）　　红茶（白琳工夫）　　黄茶（霍山黄芽）　　黑茶（熟饼茶）

白茶（白牡丹）　　花茶（茉莉银针）　　乌龙茶（铁观音）

6. 现代茶的发展

时至今日，茶文化已经融入各家各户的生活中，茶叶品种越来越丰富，饮用方式也趋于多样化。除七大茶系外，人们还逐步发明了各式各样的茶饮，例如花草茶、果茶和保健茶等。这些茶饮的形式也开始多样化：液体茶、速溶茶、袋泡茶……这些缤纷的茶饮充分满足了人们的日常需要，其独特的魅力也让各类人群

| 液体茶 | 速溶茶 | 袋泡茶 |

越来越热衷。

饮茶方式的演变

茶叶被人类发现以后，人类的饮茶方式历经了三个阶段的发展过程。

第一个阶段，煮茶。无论是神农用水煮茶，还是陆羽在《茶经》中提到的煎茶、煮茶理论，人们最开始都是将茶叶煮后饮用。郭璞在《尔雅注》中提到，茶"可煮作羹饮"。也就是说，煮茶时，还要加入粟米及调味料，煮作粥状。直到唐代，人们还习惯于这种饮用方法。时至今日，我国边远地区的少数民族仍习惯于在茶汁中加入其他食品。

茶食

第二个阶段，半茶半饮。到了秦汉时期，茶不仅可以作为药材使用，而且在人们的日常生活中登场，逐渐成了待客的饮品。人们也在此时创造出"半茶半饮"的制茶和用茶方式。他们将团茶捣碎放入壶中，加入开水，并进行加工和调味。

三国时期的张揖在《广雅》中记载："荆、巴间采叶作饼，叶老者，饼成以米膏出之。欲煮茗饮，先炙令赤色，捣末置瓷器中，以汤浇覆之，用葱、姜、橘子芼之。其饮醒酒，令人不眠。"由此可知，

煎茶法是陆羽所创，主要程序有：备器、炙茶、碾罗、择水、取水、候汤、煎茶、酌茶、啜饮。与煮茶法相比，有两点区别：①煎茶法通常用茶末，而煮茶法用散叶、茶末皆可。②煎茶是一沸投茶，环搅，三沸而止；煮茶法则是冷热水不忌，煮熬而成。

泡茶

当时采下茶叶之后，先制作成茶饼，等到饮用时再捣碎成末，用热水冲泡。但这时煮茶的过程中，仍要加入葱、姜、橘子等。这种方法可算得上是冲泡法的初始模样，类似现代饮用砖茶的方法。

第三个阶段，泡茶。这种饮茶方式也可叫作全叶冲泡法，它始于唐代，盛行于明清，是茶在饮用上的又一进步。唐代中叶以前，陆羽已明确反对在茶汁中加入其他香料、调料，强调品茶就应品茶的本味，这说明当时的饮茶方法正处在变革之中。纯用茶叶冲泡，被唐人称为"清茗"。饮过清茗，再咀嚼茶叶，细品其味，能获得极大的享受。从此开始，人们煮茶时只放茶叶。唐代发明的蒸青制茶法，专采春天的嫩芽，经过蒸焙之后加工成散茶，饮用时用全叶冲泡。这种散茶的品质极佳，能够引起饮者的极大兴趣，而且饮用方法也与现代基本一致，以全叶冲泡法为主。

茶马古道

所谓茶马古道，实际上就是一条地道的马帮之路。茶马古道最早起源于唐宋时期的"茶马互市"。古代战争主力多是骑兵，马就成了战场上决定胜负的关键，而我国西北地区的少数民族，将茶与粮食看成重要的生活必需品。于是藏、川、滇边地出产的骡马、毛皮、药材和川、滇及中原各地出产的茶叶、布匹、盐和日用器皿等，在横断山区的高山深谷间南来北往，川流不息，并随着社会经济的发展而日趋繁荣。因此，"茶马互市"一直是历代统治者施政所采取的重要措施之一。

茶马古道的主要干线为青藏线、滇藏线和川藏线。其中，青藏线发展最早，始于唐朝；滇藏线先经过西双版纳、丽江、大理等地，再经喜马拉雅山通往印度等国，甚至更远的国家，是最长的一条线路；而三条线路中，川藏线的影响最大，也最为著名。

茶马古道的主要干线除了这三条，还包括若干支线，如由川藏线北部支线经原邓柯县（今四川德格县境）通向青海玉树、西宁乃至旁通洮州（今甘肃临潭）

的支线；由昌都向北经类乌齐、丁青通往藏北地区的支线；由雅安通向松潘乃至连通甘南的支线等。

《茶马古道研究模式及其意义》一文中提到，茶马古道是当今世界上地势最高的贸易通道，也是民族融合与和谐之道。它见证了中国乃至亚洲各民族间因茶而缔结的血肉情感，在世界文明传播史上做出了卓越的贡献。

茶马古道不仅对世界各国各民族的贡献巨大，对我们每个人来说，也具有显著的作用。历史已经证明，茶马古道原本就是一条人文精神的超越之路。马帮每次踏上征程，就是一次生与死的体验之旅。茶马古道的艰险超乎寻常，然而沿途壮丽的自然景观却可以激发人潜在的勇气、力量和忍耐，使人的灵魂得到升华，从而衬托出人性的真义和伟大。

如今，在几千年前古人开创的茶马古道上，成群结队的马帮身影不见了，远古飘来的茶香消失得无影无踪，那清脆悦耳的驼铃声也早已消散，但千百年来茶马古道上的先人足迹与远古留下的万千记忆却深深地印刻下来。它幻化成中华民

 茶典、茶人与茶事

茶马古道的静默与喧嚣

公元前 138 年，张骞出使西域，得知了一条从云南通往印度的道路，张骞回国之后告知汉武帝。于是，汉武帝先后多次派使臣前往云南寻求通往印度的商路，但都为洱海附近的滇国所阻。之后，汉武帝在长安征调人力开挖了一个方圆 40 多里的人工湖，名为"昆明池"，用以训练水军，准备征讨滇国。公元前 109 年和公元前 105 年，汉武帝两次出兵云南，征服了昆明土著，大理、洱海一带也随之归顺，使汉朝的统治区域南接缅甸，西达西藏，北通巴蜀，东连滇越。

从西汉到东汉的 400 多年时间里，古道一直都静默着。但是到了唐代，随着吐蕃王朝的崛起，以及藏族和南亚、西亚人开始大量饮茶，古道恢复了它的喧嚣，成了名副其实的茶马古道。

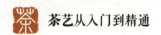
族生生不息的拼搏精神与崇高的民族创业精神，为中国乃至世界的历史增添了浓墨重彩的一笔。

中国十大名茶

我国茶叶种类繁多，名茶则是茶叶中的珍品。何谓名茶？尽管人们对名茶的看法并不统一，但综合各类情况来看，大家公认名茶必须在色、香、味、形四个方面具有独特的风格和特色。

1959年，农业部组织了一次全国性的"十大名茶"评比活动，评选出了中国的"十大名茶"，分别是西湖龙井、洞庭碧螺春、黄山毛峰、庐山云雾茶、六安瓜片、君山银针、信阳毛尖、武夷岩茶、安溪铁观音和祁门红茶。后来这"十大名茶"的内涵几经变迁。2012年7月6—10日在大连星海会展中心召开的第八届大连国际茶文化博览会，评出了最新的"中国十大名茶"。新出炉的"十大名茶"的名单大体延续了1959年的评选结果。

1. 西湖龙井

居于中国名茶之冠的西湖龙井，是产于浙江省杭州市西湖周围群山之中的绿茶。它以"色绿、香郁、味醇、形美"四绝著称于世。西湖群山的产茶历史已有千百年，在唐代时就享有盛名。龙井茶叶外形挺直削尖，叶细嫩，条形整齐，宽度一致，色泽为绿中显黄，手感光滑匀齐，一芽一叶或一芽二叶；芽长于叶，芽叶均匀成朵，不带夹蒂、碎片，小巧玲珑。龙井茶味道清香，沁人心脾。假冒龙井茶则多是青草味，夹蒂较多，手感不光滑。

西湖龙井

洞庭碧螺春

信阳毛尖

君山银针

六安瓜片

黄山毛峰

2. 洞庭碧螺春

产于江苏省苏州市吴中区太湖的洞庭山碧螺峰的碧螺春，是中国著名的绿茶之一。洞庭山气候温和，空气清新，冬暖夏凉，为茶树的生长提供了得天独厚的环境，也使碧螺春茶形成别具特色的品质特点。碧螺春茶条索纤细，银芽显露，一芽一叶，芽为白毫卷曲形，叶为卷曲青绿色，披满茸毛。叶底幼嫩细匀，色泽碧绿。假的碧螺春茶为一芽二叶，芽叶长短不齐，呈黄色。民间对碧螺春的外形是这样判断的："铜丝条，螺旋形，浑身毛，一嫩三鲜自古少。"

高级碧螺春可以先冲水再放茶叶，茶叶依然会徐徐下沉，展开叶片并释放香味，这是茶叶芽头壮实的表现，也是其他茶叶所不能比拟的。

3. 信阳毛尖

信阳毛尖是河南省著名土特产之一，素来以"细、圆、光、直、多白毫、香高、味浓、汤色绿"的独特风格享誉中外。唐代茶圣陆羽所著的《茶经》，将信阳列为全国八大产茶区之一，信阳毛尖则为河南省优质绿茶的代表。

信阳毛尖其外形条索紧细、圆、光、直，银绿隐翠，色泽鲜亮，内质香气新鲜，浓爽而鲜活，白毫明显。叶底嫩绿匀整，青黑色，一般一芽一叶或一芽二叶。假的信阳毛尖茶为卷曲形，叶片发黄，并无茶香。

4. 君山银针

君山银针为我国著名黄茶之一。君山茶始于唐代，清代纳入贡茶。其生长的环境土壤肥沃，多为砂质土壤，年降水量约为 1340 毫

| 祁门红茶 | 都匀毛尖 | 安溪铁观音 | 武夷岩茶 |

米，相对湿度较大，这正是茶树生长的适宜环境。君山银针芽头肥壮挺直、匀齐、满披茸毛，色泽金黄光亮，香气清鲜，茶色浅黄，味甜爽，冲泡起来芽尖冲向水面，悬空竖立，然后徐徐下沉，再升再沉，三起三落，形如群笋出土，又像银刀直立。假银针为青草味，泡后银针不能竖立。

5. 六安瓜片

六安瓜片又称片茶，产于安徽省六安市金寨县的齐云山，为绿茶特种茶类，是国家级历史名茶。六安瓜片驰名古今中外，不仅因为其品质的优势，更得惠于其独特的产地和工艺。当地高山环抱，气候温和，云雾缭绕，为茶树的生长提供了良好的环境。其外形平展，形似瓜子的片形茶叶，每一片不带芽和茎梗，叶呈绿色光润，微向上重叠，内质香气清高，水色碧绿，滋味回甘，叶底厚实明亮，肉质醇厚。假茶则味道较苦，色比较黄。

6. 黄山毛峰

黄山是我国景色绮丽的自然风景区之一，那里终年云雾弥漫，山峰露出云上，像坐落于云中的岛屿一样。著名绿茶黄山毛峰就生长于这片迷离的山中，因而也沾染了其神秘的特点。

黄山毛峰，外形细嫩稍卷曲，茶芽格外肥壮、匀齐，柔软细嫩，有锋毫，形状有点像雀舌。叶片肥厚，呈金黄色；叶底芽叶成朵，厚实鲜艳，色泽嫩绿油润，香气清鲜，经久耐泡。水色清澈、杏黄、明亮，味醇厚、回甘，是茶中的上品。假茶则呈土黄色，味苦，叶底不成朵。

7. 祁门红茶

祁门红茶简称祁红，是红茶中的精品。祁门红茶产于安徽省西南部，当地气候温和、日照适度、雨水充足、土壤肥沃，十分适宜茶树生长，因而祁门红茶向来以"香高、味醇、形美、色艳"四绝驰名于世。

祁门红茶颜色为棕红色，外形条索紧细匀整，内质清芳并带有蜜糖香味，味道浓厚，甘鲜醇和，即使添加鲜奶亦不失其香醇。而假茶一般带有人工色素，味苦涩、淡薄，条叶形状不齐。

8. 都匀毛尖

都匀毛尖又名"白毛尖""鱼钩茶""雀舌茶"，是贵州特产绿茶。它产于贵州省都匀市，主产地在团山、哨脚、大槽一带。这里冬无严寒，夏无酷暑，土层深厚，土壤疏松湿润，且土质呈现酸性或微酸性。特殊的自然条件不仅为茶树的生长繁衍提供了良好的环境，而且帮助都匀毛尖形成了自己独特的风格。

都匀毛尖外形条索紧细卷曲，毫毛显露，色泽绿润，整张叶片细小短薄，一芽一叶初展，形似雀舌。不仅如此，它的内质也颇具风韵，其汤色清澈，滋味新鲜回甘，香气清鲜，叶底嫩绿匀齐。假茶则滋味苦涩，叶底不匀。

9. 安溪铁观音

安溪铁观音历史悠久，素有"茶王"之称，是我国著名的青茶之一。品质优

茶典、茶人与茶事

贡茶的起源

据史料记载，贡茶可追溯到西周。据《华阳国志·巴志》记载："周武王伐纣，实得巴蜀之师。"大约在公元前1025年，周武王姬发率周军及诸侯伐灭殷商的纣王后，便将其的一位宗亲封在巴地。巴蜀作战有功，册封为诸侯。

这是一个疆域不小的邦国，它东起鱼复（今重庆奉节东白帝城），西达僰道（今四川宜宾市西南安边场），北接汉中（今陕西秦岭以南地区），南至黔涪（相当今四川涪陵地区）。巴王作为诸侯，要向周武王纳贡。贡品有：五谷六畜、桑蚕麻纻、鱼盐铜铁、丹漆茶蜜、灵龟巨犀、山鸡白鹇、黄润鲜粉。贡单后又加注："其果实之珍者，树有荔枝，蔓有辛蒟，园有芳蒻、香茗。"香茗，即茶园里的珍品茶叶。

异的铁观音，叶体厚实如铁，形美如观音，多呈螺旋形，芙蓉沙绿明显，光润，绿蒂，具有天然兰花香，汤色清澈金黄，味醇厚甜美，入口微苦，立即转甜，冲泡多次后仍有余香，叶底肥厚柔软，青绿红边，艳亮均匀，每颗茶都带茶枝。

铁观音的制作工序与一般乌龙茶的制法基本相同，一般在傍晚晒青，通宵摇青、晾青，次日清晨完成发酵，再经过烘焙，历时一昼夜。这种精细的制作工序让安溪铁观音有了更显著的优势。假茶叶形长而薄，条索较粗，无青绿红边，叶泡三遍后便无香味。

10. 武夷岩茶

武夷岩茶产于闽北的名山武夷山（又名虎夷山），茶树生长在岩缝之中。其外形条索肥壮、紧结、匀整，带扭曲条形，俗称"蜻蜓头"，叶背起蛙皮状砂粒，俗称"蛤蟆背"，内质香气馥郁、隽永，滋味醇厚回苦，润滑爽口，汤色橙黄，清澈艳丽，叶底匀亮，边缘朱红或起红点，中央叶肉黄绿色，叶脉浅黄色，耐泡6—8次以上。

武夷岩茶具有绿茶之清香，红茶之甘醇，是乌龙茶中之极品。其主要品种有"大红袍""水仙""肉桂"等。假茶味淡，欠韵味，色泽枯暗。

茶的雅号别称

从古至今，人们逐渐意识到了茶的妙用，不仅利用其制药，更让其成为日常生活的必需品。人们对茶深情厚爱的程度，完全可以从为茶取的高雅名号中看出。

＊酪奴

出自《洛阳伽蓝记》。书中记载，南北朝时，北魏人不习惯饮茶，而是喜爱奶酪，戏称茶为酪奴，也就是奶酪的奴婢。

＊消毒臣

出自唐朝《中朝故事》。诗人曹邺饮茶诗云："消毒岂称臣，德真功亦真。"唐武宗李炎时期，李德裕说天柱峰茶可以消减酒肉的毒性，派人煮茶浇在肉食上，并用银盒密封起来，过了一段时间打开，肉已经化成了水，因而人们称茶为消毒臣。

＊苦口师

相传，晚唐著名诗人皮日休之子皮光业在一次品赏新柑的宴席上，一进门，对新鲜甘美的柑橘视而不见，急呼要茶喝。于是，侍者只好捧上一大瓯茶汤，皮光业手拿着茶碗，即兴吟诵道："未见甘心氏，先迎苦口师。"此后，茶就有了苦口师的雅号。

✻余甘氏

宋朝学者李郛在《纬文琐语》中写道："世称橄榄为余甘子，亦称茶为余甘子。因易一字，改称茶为余甘氏，免含混故也。"五代诗人胡峤在《饮茶诗》中也说："沾牙旧姓余甘氏。"于是，茶又被称为余甘氏。

✻叶嘉

这是苏轼为茶取的昵称与专名。因《茶经》首句言："茶者，南方之嘉木也。"又因茶叶通常为茶树叶片，所以取茶别名为"叶嘉"。苏轼作《叶嘉传》，文中所言："风味恬淡，清白可爱，颇负其名，有济世之才，虽羽知犹未详也……可以利生，虽粉身碎骨，臣不辞也。"文中用拟人手法刻画了一位貌如削铁、志图挺立的清白自守之士，一心为民，一尘不染，为古来颂茶散文名篇，这也是茶别名中的最佳名号。

✻清友

宋朝文学家苏易简在《文房四谱》中记载："叶嘉，字清友，号玉川先生。清友，谓茶也。"唐朝姚合品茶诗云："竹里延清友，迎风坐夕阳。"

✻水厄

灾难之意，出自《世说新语》，里面记载了这样的故事：晋代司徒长史王蒙喜欢饮茶，他常常请来客人陪他一同饮茶。但那些人并不喜欢，每次去拜访王蒙的时候都会说："今天有水厄了。"

✻清风使

唐朝诗人卢仝（初唐四杰卢照邻之孙）的《走笔谢孟谏议寄新茶》中有饮到七碗茶后，"唯觉两腋习习清风生。蓬莱山，在何处。玉川子，乘此清风欲归去"之句。据史籍《清异录》记载，五代时期也有人称茶为清风使。

✻涤烦子

唐朝诗人施肩吾诗云："茶为涤烦子，酒为忘忧君。"饮茶，可洗去心中的烦闷，历来备受赞咏。唐朝史籍《唐国史补》中记载："常鲁公（常伯熊，唐朝煮茶名士）随使西番，烹茶帐中。赞普问：'何物？'曰：'涤烦疗渴，所谓茶也。'因呼

茶的雅号别称

茶为涤烦子。"因此，茶又被称为涤烦子。

＊森伯

出自《森伯颂》。书中提到，饮茶之后会感觉体内生成了一股清气，令人浑身舒坦，因此称赞茶为"森伯"。

＊玉川子

唐朝诗人卢仝，自号玉川子，平素极其喜爱饮茶，后被世人尊称为"茶仙"。他写了许多有关茶的诗歌，并著有《茶谱》，因此，有人以"玉川子"代称茶叶。

＊不夜侯

晋朝学者张华在《博物志》中说："饮真茶令人少睡，故茶别称不夜侯，美其功也。"唐朝诗人白居易在诗中写道："破睡见茶功。"宋朝文学家苏东坡也有诗赞茶有解除睡意之功："建茶三十片，不审味如何。奉赠包居士，僧房战睡魔。"五代胡峤在《饮茶诗》中赞道："破睡须封不夜侯。"因而，茶又被称为不夜侯。

除此之外，人们还为茶取了不少高雅的名号。如唐宋时的团饼茶称"月团""金饼"；唐陆羽《茶经》把茶誉为"嘉木""甘露"，杜牧《题茶山》赞誉茶为"瑞草魁"；宋陶谷著的《清异录》对茶有"水豹囊""清人树""冷面草"等多种称谓，杨伯岩《臆乘·茶名》喻称茶为"酪苍头"；元杨维桢《煮茶梦记》称呼茶为"凌霄芽"；清阮福《普洱茶记》中记载为"女儿茶"等。

后世，随着各种名茶的出现，往往以名茶的名字来代称"茶"字，如"铁罗汉""大红袍""白牡丹""雨前""黄金桂""紫鹃""肉桂"等。时至今日，随着人们对茶的喜爱程度越来越深，茶的种类与别称也随之增多。

茶的分类

初次走入茶叶店，我们总会被里面五花八门、绚丽缤纷的茶叶名称吸引，眼花缭乱。其实茶叶的名称也是有讲究的，有的根据茶叶产地而命名，例如西湖龙井、普陀佛茶等；有的根据茶叶形状而命名，例如银针、珠茶等；有的更是以历史故事命名，如铁观音、大红袍等。总之，分类方法花样百出，使茶显得更具神秘感。

传统七大茶系分类法

中国的茶叶种类很多，分类自然也很多，但被大家熟知和广泛认同的就是按照茶的色泽与加工方法分类，即传统七大茶系分类法：红茶、绿茶、黄茶、乌龙茶（青茶）、白茶、黑茶和花茶七大茶系。

1.红茶

红茶曾是我国最大的出口茶，出口量占我国茶叶总产量的 50% 左右，属于全发酵茶类。它因干茶色泽、冲泡后的茶汤和叶底以红色为主调而得名。但红茶开始创制时被称为"乌茶"，因此，英语称其为"Black Tea"，而并非"Red Tea"。

红茶以适宜制作本品的茶树新芽叶为原料，经萎凋、揉捻、发酵、干燥等典型工艺过程精制而成。香气最为浓郁高长，滋味香甜醇和，饮用方式多样，是全世界饮用国家和人数最多的茶类。

红茶中的名茶主要有：祁门红茶、政和工夫、闽红工夫、坦洋工夫、白琳工夫、滇红工夫、九曲红梅、宁红工夫、宜红工夫等。

祁门红茶

政和工夫

滇红工夫

九曲红梅

17

2. 绿茶

绿茶是历史最久远的茶类。古代人们采集野生茶树芽叶晒干收藏，可以看作广义上的绿茶加工的开始。但真正意义上的绿茶加工，是从8世纪发明蒸青制茶法开始，到12世纪发明炒青制茶法，绿茶加工技术已比较成熟，一直沿用至今，并不断完善。

绿茶是我国产量最大的茶类，其制作过程并没有经过发酵，成品茶的色泽、冲泡后的茶汤和叶底均以绿色为主调，较多地保留了鲜叶内的天然物质。其中茶多酚与咖啡因保留鲜叶的85%以上，叶绿素保留50%左右，维生素损失也较少，从而形成了绿茶"清汤绿叶，滋味收敛性强"的特点。由于营养物质损失少，绿茶也对人体健康更为有益。

绿茶中的名茶主要有：西湖龙井、洞庭碧螺春、黄山毛峰、信阳毛尖、庐山云雾、六安瓜片、太平猴魁等。

西湖龙井　　　　洞庭碧螺春　　　　黄山毛峰　　　　六安瓜片

3. 黄茶

由于杀青、揉捻后干燥不足或不及时，叶色变为黄色，于是人们发现了茶的新品种——黄茶。黄茶具有绿茶的清香、红茶的香醇、白茶的愉悦以及黑茶的厚重，是各阶层人群都喜爱的茶类。其品质特点是"黄叶黄汤"，这种黄色是制茶过程中进行闷堆渥黄的结果。

由于品种的不同，黄茶在茶片选择、加工工艺上有相当大的区别。比如，湖南省岳阳洞庭湖君山的君山银针，采用的全是肥壮的芽头，制茶工艺精细，分杀青、摊放、初烘、复摊、初包、复烘、再摊放、复包、干燥、分级十道工序。加工后的君山银针外表披毛，色泽金黄光亮。

黄茶中的名茶主要有：君山银针、蒙顶黄芽、霍山黄芽、海马宫茶、北港毛

君山银针

蒙顶黄芽

霍山黄芽

广东大叶青

尖、鹿苑毛尖、广东大叶青等。

4. 乌龙茶

乌龙茶，主要指青茶，属于半发酵茶，在中国几大茶类中，具有鲜明的特色。它融合了红茶和绿茶的清新与甘鲜，品尝后齿颊留香，回味无穷。

乌龙茶中的名茶主要有：凤凰水仙、武夷肉桂、武夷岩茶、冻顶乌龙、凤凰单丛、黄金桂、安溪铁观音、本山等。

凤凰水仙

武夷肉桂

武夷岩茶

冻顶乌龙

凤凰单丛

安溪铁观音

5. 白茶

白茶是我国的特产，一般地区并不多见。人们采摘细嫩、叶背多白茸毛的芽叶，加工时不炒不揉，晒干或用文火烘干，使白茸毛在茶的外表完整地保留下来，这就是它呈白色的缘故。

优质成品白茶毫色银白闪亮，素有"绿装素裹"之美感，且芽头肥壮，汤色黄亮，滋味鲜醇，叶底嫩匀。冲泡后品尝，滋味鲜醇可口。

白茶中的名茶主要有：白牡丹、贡眉、白毫银针、寿眉、福鼎白茶等。

白牡丹

白毫银针

寿眉

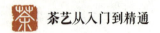
6. 黑茶

黑茶因其茶色呈黑褐色而得名。由于加工制造过程中一般堆积发酵时间较长，所以叶片多呈现暗褐色。其品质特征是茶叶粗老、色泽细黑、汤色橙黄、香味醇厚，具有扑鼻的松烟香味。黑茶属深度发酵茶，存放的时间越久，其味越醇厚。

黑茶中的名茶主要有：普洱茶、四川边茶、六堡散茶、湖南黑茶、茯砖茶、老青茶、老茶头、黑砖茶等。

老茶头　　　　　　　　　　　　普洱散茶（熟）

7. 花茶

花茶又称熏花茶、香花茶、香片，属于再加工茶，是中国特有的一个茶叶品种。花茶由精致茶坯和具有香气的鲜花混合而成，使花香和茶味相得益彰，受到很多人尤其是偏好重口味的北方人士青睐。

花茶适合各类人群饮用。随着人们生活水平的提高，时尚生活越来越丰富，花茶也增添了许多品种，例如保健茶、工艺茶、花草茶等。

常见的花茶主要有：茉莉花茶、玉兰花茶、珠兰花茶、茉莉龙珠、茉莉银针、玫瑰花茶、菊花茶、千日红、女儿环、碧潭飘雪等。

茉莉龙珠　　　　茉莉银针　　　　女儿环　　　　碧潭飘雪

按茶树品种分类

　　我国是世界上最早种茶、制茶、饮茶的国家，已经有几千年的茶树栽培历史。植物学家通过分析得出的结论是，茶树从起源到现在已经有 6000 — 7000 万年的漫长历史。

　　茶树是一种多年生常绿灌木或小乔木类植物，高度在 1 — 6 米，而在热带地区生长的茶树有的为乔木型，树高可达 15 — 30 米，基部树围可达 1.5 米以上，树龄可达数百年甚至上千年。花开在叶子中间，为白色、五瓣，有芳香。茶树叶互生，具有短柄，树叶的形状有披针形、椭圆形、卵形和倒披针形等。树叶的边缘有细锯齿。茶树的果实扁圆，果实成熟开裂后会露出种子，呈卵圆形、棕褐色。

　　茶树同其他物种一样，需要有一定的生长环境才能存活。茶树由于在某种环境中长期生长，受到特定环境条件的影响，通过新陈代谢，形成了对某些生态因素的特定需要，从而形成了茶树的生存条件。这种生存条件主要包括地形、土壤、阳光、温度、雨水等。

　　根据自然情况下茶树的高度和分枝习性，茶树可分为乔木型、小乔木型和灌木型。

1. 乔木型

　　乔木型的茶树是较原始的茶树类型，分布于和茶树原产地自然条件较接近的自然区域，即我国热带或亚热带地区。植株高大，分枝部位高，主干明显，分枝稀疏。叶片大，叶片长度的变异范围为 10 — 26 厘米，多数品种叶长在 14 厘米以上。结实率低，抗逆性弱，特别是抗寒性极差。芽头粗大，芽叶中多酚类物质含量高。这类品种分布于温暖湿润的地区，适宜制红茶，品质上具有滋味浓郁的特点。

2. 小乔木型

　　小乔木型茶树属于进化类型，分布于亚热带或热带茶区，抗逆性相比于乔木型要强。植株较高大，从植株基部至中部主干明显，植株上部主干则不明显。分枝较稀，大多数品种叶片长度在 10 — 14 厘米，叶片栅栏组织多为两层。

3. 灌木型

　　灌木型茶树也属于进化类型，主要分布于亚热带茶区，我国大多数茶区均有其分布，包括的品种也最多。地理分布广，茶类适制性亦较广。灌木型茶树植株

灌木型茶树

低矮，分枝部位低，从基部分枝，无明显主干，分枝密。叶片小，叶片长度变异范围大，为 2.2 — 14 厘米。叶片栅栏组织 2 — 3 层。结实率高，抗逆性强。芽中氨基氮含量高。

灌木型茶叶还可按茶树品种分为以下类别：根据茶树的繁殖方式分类，可分为有性品种和无性品种两类；根据茶树成熟叶片大小分类，可分为特大叶品种、大叶品种、中叶品种和小叶品种四类。

以下介绍几种我国台湾地区按茶树品种分类的茶叶：

＊青心乌龙

属于小叶种，适合制造部分发酵的晚生种，由于本品种是一个极有历史并且被广泛种植的品种，因此有种籽、种茶、软枝乌龙等别名。树型较小，属于开张型，枝叶较密，幼芽呈紫色，叶片呈狭长椭圆形，叶肉稍厚、柔软富弹性，叶色呈浓绿富光泽。本品种所制成的包种茶不但品质优良，而且广受消费者喜爱，故成为我国台湾地区栽植面积最广的品种，可惜树势较弱，易患枯枝病且产量低。

＊硬枝红心

别名大广红心，属于早生种，适合制造包种茶的品种，树型大且直立，枝叶稍疏，幼芽肥大且密生茸毛，呈紫红色，叶片锯齿较锐利，树势强健，产量中等。制造铁观音茶色泽外观优异且滋味良好，品质与市场需求有直追铁观音种茶树所制造产品的趋势。本品种所制成的条形或半球形包种茶，具有特殊香味，但由于成茶色泽较差所以售价较低。

＊大叶乌龙

我国台湾四大名种之一。属于早生种，适合制造绿茶及包种茶品种，树型高大直立，枝叶较疏，芽肥大、茸毛多呈淡红色，叶片大且呈椭圆形，叶色暗绿，叶肉厚树势强，但收成量中等。本品种目前零星散布于台北市汐止、深坑、石门等地区，面积逐年减小。

按产地取名分类

我国的许多省份都出产茶叶，但主要集中在南部各省，基本分布在东经94°—122°、北纬18°—37°的广阔范围内，遍及浙、苏、闽、湘、鄂、皖、川、渝、贵、滇、藏、粤、桂、赣、琼、台、陕、豫、鲁、甘等地的上千个县市。

茶树为热带、亚热带多年生常绿树种，要求温暖多雨的气候环境，酸性土壤的土地条件。南方地区多山云雾大，散射光多，日照短，昼夜温差大，气候阴凉，对形成茶叶优良品种非常有利，因而可以高产。

茶树最高种植在海拔2600米的高地上，而最低仅距海平面几十米。在不同地区，生长着不同类型和不同品种的茶树，从而决定着茶叶的品质及其适制性和适应性，形成了一定的、颇为丰富的茶类结构。

根据产地取名的茶叶品种很多，以下列举几种精品茶叶：

1. 西湖龙井

中国十大名茶之一，因产于浙江杭州西湖的龙井茶区而得名。龙井既是地名，又是泉名和茶名。"从来佳茗似佳人"，这优美的句子如诗如画，泡一杯龙井茶，喝出的却是世所罕见的独特而骄人的龙井茶文化。

2. 洞庭碧螺春

中国十大名茶之一，因产于江苏苏州太湖洞庭山而得名。太湖地区水汽升腾，雾气悠悠，空气湿润，极宜于茶树生长。碧螺春茶叶早在隋唐时期即颇负盛名，有千余年历史。喝一杯碧螺春，仿如品赏传说中的江南美女。

3. 安溪铁观音

1725—1735年，由福建安溪人发明，是中国十大名茶之一。铁观音独具"观音韵"，清香雅韵，"七泡余香溪月露，满心喜乐岭云涛"，以其独特的韵味和超群

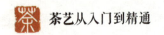

的品质备受人们青睐。

4. 祁门红茶

因产于安徽祁门一带而得名。"祁红特绝群芳最，清誉高香不二门。"祁门红茶是红茶中的极品，享有盛誉，香名远播，素有"群芳最""红茶皇后"等美称，深受不同国家人群的喜爱。

5. 黄山毛峰

产于安徽黄山，是我国历史名茶之一。特级黄山毛峰的主要特征：形似雀嘴，芽壮多毫，色如象牙，清香高长，汤色清澈，滋味鲜醇，叶底黄嫩。由于新制茶叶白毫披身，芽尖锋芒，且鲜叶采自黄山高峰，于是将该茶取名为黄山毛峰。

6. 冻顶乌龙

冻顶乌龙产自我国台湾鹿谷附近的冻顶山，山中多雾，山路又陡又滑，上山采茶都要将脚尖"冻"起来，避免滑下去。山顶被称为冻顶，山脚被称为冻脚。冻顶乌龙茶因此得名。

7. 庐山云雾

因产自江西的庐山而得名，素来以"味醇、色秀、香馨、汤清"享有盛名。茶汤清淡，宛若碧玉，味似龙井而更为醇香。

8. 阿里山乌龙茶

阿里山实际上并不是一座山，只是特定范围的统称，正确的说法应是"阿里山区"。这里不仅是著名的旅游风景区，也是著名的茶叶产区，阿里山乌龙茶可以算得上我国台湾高山茶的代表。

9. 君山银针

因产于湖南岳阳洞庭湖中的君山，故称君山银针。茶芽外形很像一根根银针，雅称"金镶玉"。据说文成公主出嫁时就选了君山银针带入西藏。

10. 广东大叶青

大叶青是广东的特产，是黄茶的代表品种之一。

11. 花果山云雾茶

因产于江苏连云港花果山而得名。花果山云雾茶生于高山云雾之中，纤维素较少，茶内氨基酸和咖啡因含量都比较高。

12. 南京雨花茶

雨花茶因产自江苏南京雨花台而得名，此茶以其优良的品质而备受各类人群喜爱。

13. 婺源绿茶

江西婺源县地势高峻，土壤肥沃，气候温和，雨量充沛，极其适宜茶树生长。"绿丛遍山野，户户有香茶"，是中国著名的绿茶产区，婺源绿茶因此得名。

14. 安吉白茶

安吉白茶属绿茶，为浙江名茶的后起之秀，因其加工原料采自一种嫩叶全为白色的茶树而得名。

15. 普陀佛茶

普陀佛茶又称为普陀山云雾茶，是中国绿茶类古茶品种之一。普陀山是中国四大佛教名山之一，属于温带海洋性气候，冬暖夏凉，四季湿润，土壤肥沃，为茶树的生长提供了十分优越的自然环境，普陀佛茶也因此而闻名。

16. 安化黑茶

中国古代名茶之一，因产自中国湖南安化县而得名。20世纪50年代一度绝产，直到2010年，湖南黑茶在中国世博会上亮相，安化黑茶才再一次走进茶人的视野，成为茶人的新宠。

17. 桐城小花茶

桐城小花茶因盛产于安徽桐城而得名，是徽茶中的名品。桐城小花茶除了具备花茶的各种特征，另有如兰花一样的美好香氛，因茶叶尖头细小，故为小花茶。

18. 广西六堡茶

六堡茶的生产已有200多年的历史，因产于广西苍梧县六堡镇而得名。其汤色红浓，香气厚重，滋味甘醇，备受海内外人士赏识。

除以上这些种类外，还有许多以产地取名的茶叶，例如福鼎白茶、正安白茶、湖北老青茶、黄山贡菊等。

按采收季节分类

茶叶的生长和采制是有季节性的，随着自然条件的变化也会有差异。如水分过多，茶质自然较淡；孕育时间较长，接受天地赐予，茶质自然丰腴。因而，按照不同的季节，可以将茶叶划分为春、夏、秋、冬四季茶。

1. 春茶

春茶俗称春仔茶或头水茶，为3月上旬至5月上旬采制的茶，采茶时间在惊蛰、春分、清明、谷雨4个节气。依时日又可分早春、晚春、（清）明前、明后、（谷）雨前、雨后等茶（孕育与采摘期：冬茶采摘结束后至5月上旬，所占总产量的比例为35%），采摘期为20—40天，随各地气候而异。

春茶

由于春季温度适中，雨量充沛，无病虫危害，加上茶树经过冬季的休养生息，使得春梢芽叶肥硕，色泽翠绿，叶质柔软鲜嫩，富含氨基酸及相应的全氮量和多种维生素，使春茶滋味鲜活，香气馥郁，品质极佳。

2. 夏茶

夏茶的采摘时间在每年夏天，一般为5月中下旬至8月中旬，是春茶采摘一段时间后所新发的茶叶，集中在立夏、小满、芒种、夏至、小暑、大暑6个节气之间。其中又分为第一次夏茶和第二次夏茶。

第一次夏茶为头水夏仔或二水茶（孕育与采摘期：5月中下旬至6月下旬，所占总产量的比例为17%）。

夏茶

第二次夏茶俗称六月白、大小暑茶、二水夏仔（孕育与采摘期：7月上旬至8月中旬，所占总产量的比例为18%）。

由于夏季天气炎热，茶树新梢芽叶生长迅速，使得能溶解茶汤的水浸出物含量相对减少，特别是氨基酸及全氮量的减少。由于受高温影响，夏茶很容易老化，使得茶汤滋味比较苦涩，香气多不如春茶强烈。

3. 秋茶

秋茶为秋分前后所采制之茶，采摘时间在每年立秋、处暑、白露、秋分4个节气之间。其中又分为第一次秋茶与第二次秋茶。

第一次秋茶称为早秋茶（孕育与采摘期：8月下旬

秋茶

至9月中旬，所占总产量的比例为15%）。

第二次秋茶称为白露笋（孕育与采摘期：9月下旬至10月下旬，所占总产量的比例为10%）。

由于秋季气候条件介于春夏之间，秋高气爽，有利于茶叶芳香物质的合成与积累。茶树经春夏二季生长、采摘，新梢芽内含物质相对减少，叶片大小不一，叶底发脆，叶色发黄，滋味、香气显得比较平和。

4. 冬茶

冬茶的采摘时间在每年冬天，集中在寒露、霜降、立冬、小雪4个节气之间（孕育与采摘期：11月下旬至12月上旬，所占总产量的比例为5%）。

由于气候逐渐转凉，冬茶新梢芽生长缓慢，内含物质逐渐堆积，滋味醇厚，香气比较浓烈。

人们多喜爱春茶，但并不是每种茶都是春茶最佳，例如乌龙茶就以夏茶为优。因为夏季气温较高，茶芽生长得比较肥大，白毫浓厚，茶叶中所含的儿茶素等也较多。总之，不同的季节，茶叶有着不同的特质，要因茶而异。

按茶叶的形态分类

我国不但拥有齐全的茶类，还拥有众多的精品茶叶。茶叶除了具有各种优雅别致的名称，还有不同的外形，可谓千姿百态。茶叶按其形态可分为以下类别：

1. 长条形茶

外形为长条状的茶叶，这种外形的茶叶比较多，例如：红茶中的金骏眉、条形红毛茶、工夫红茶、小种红茶及红碎茶中的叶茶等；绿茶中的炒青、烘青、珍眉、特针、雨茶、信阳毛尖、庐山云雾等；黑茶中的黑毛茶、湘尖茶、六堡茶等；青茶中的水仙、岩茶等。

2. 螺钉形茶

茶条顶端扭转成螺丝钉形的茶叶，例如乌龙茶中的铁观音、色种等。

3. 卷曲条形茶

外形为条索紧细卷曲的茶叶，如绿茶中的洞庭碧螺春、都匀毛尖、高桥银峰等。

4. 针形茶

外形类似针状的茶叶，如黄茶中的君山银针；白茶中的白毫银针；绿茶中的南京雨花茶、安化松针等。

5. 扁形茶

外形扁平挺直的茶叶，如绿茶中的西湖龙井、旗枪、大方等。

6. 尖形茶

外形两端略尖的茶叶，如绿茶中的太平猴魁等。

7. 团块形茶

毛茶复制后经蒸压造型呈团块状的茶，其中又可分为砖形、枕形、碗形、饼形等。砖形茶形如砖块，如红茶中的米砖茶等，黑茶中的黑砖茶、花砖茶、茯砖茶、青砖茶等。枕形茶形如枕头，如黑茶中的金尖茶。碗形茶形如碗臼，如绿茶中的沱茶。饼形茶形如圆饼，如黑茶中的七子饼茶等。

8. 束形茶

束形茶是用结实的消毒细线把理顺的茶叶捆扎成的茶，如绿茶中的飞雪迎春等。

9. 花朵形茶

即芽叶相连似花朵的茶叶，如普洱茶中的花开富贵等。

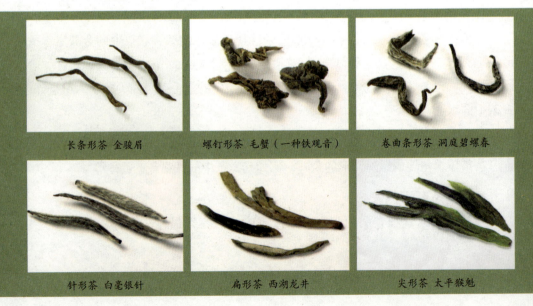

长条形茶 金骏眉　　　　螺钉形茶 毛蟹（一种铁观音）　　　　卷曲条形茶 洞庭碧螺春

针形茶 白毫银针　　　　　扁形茶 西湖龙井　　　　　　尖形茶 太平猴魁

团块形茶 茯砖茶

束形茶 飞雪迎春

花朵形茶 花开富贵

颗粒形茶 速溶茶

珠形茶 茉莉龙珠

片形茶 六安瓜片

10. 颗粒形茶

形状似小颗粒的茶叶，如红茶中的碎茶、用冷冻方法制成的速溶茶等。

11. 珠形茶

外形像圆珠形的茶叶，亦称珠茶，如绿茶中的平水珠茶、花茶中的茉莉龙珠等。

12. 片形茶

有整片形和碎片形两种。整片形茶如绿茶中的六安瓜片，碎片形茶如绿茶中的秀眉等。

"中华茶苑多奇葩，色香味形惊天下。"不同形态的茶叶构成了多姿多彩的茶文化，为这个历史悠久的文明古国带来了旖旎的风姿与风情。

按发酵程度分类

茶叶的发酵，就是将茶叶破坏，使茶叶中的化学物质与空气发生氧化作用，产生一定的颜色、滋味与香味的过程，只要将茶青放在空气中即可。就茶青的每个细胞而言，要先萎凋才能引起发酵，但就整片叶子而言，是随萎凋而逐步进行的，只是在萎凋的后段，加强搅拌与堆厚后才快速地进行。

根据制茶过程中是否有发酵以及不同工艺划分，可将茶叶分为不发酵茶、半发酵茶、全发酵茶和后发酵茶四大类别。

1. 不发酵茶

不发酵茶，又称绿茶。以采摘适宜茶树新梢为原料，不经发酵，直接通过杀青、揉捻、干燥等典型工艺过程，以区别经发酵制成的其他类型茶叶，故名。

2. 半发酵茶

半发酵茶分为轻发酵茶和重发酵茶。

轻发酵茶，是指不经过发酵过程的茶。因为制作过程中没有发酵工序，所以气味天然、清香爽口、茶色翠绿。例如白茶、武夷岩茶、水仙、文山包种茶、冻顶茶、松柏长青茶、铁观音、宜兰包种、南港包种、明德茶、香片、茉莉花茶等。

重发酵茶，指乌龙茶。真正的乌龙茶是东方美人茶，即白毫乌龙茶，易与俗称的乌龙茶混淆。

3. 全发酵茶

全发酵茶是指 100% 发酵的茶叶，因冲泡后茶色呈现鲜明的红色或深红色而得名。其中可按品种和形状分为以下两类：

按品种分：小叶种红茶、阿萨姆红茶。

按形状分：条状红茶、碎形红茶和一般红茶。

4. 后发酵茶

后发酵茶中，最有名、最被人熟知的就是黑茶。以黑茶中的普洱茶为例，它的前加工是属于不发酵茶类的做法，再经渥堆后发酵而制成。

根据发酵程度不同，由轻到重依次为绿茶、白茶、黄茶、乌龙茶、黑茶、红茶

按照汤色不同，由浅到深依次为绿茶、白茶、黄茶、乌龙茶、黑茶、红茶（由下至上分别为1—4泡的茶汤）

茶叶中发酵程度会有小幅的误差，其高低并不是绝对的，按照发酵程度，大致上红茶为95%发酵，制作时萎凋的程度最高、最完全，鲜茶内原有的一些多酚类化合物氧化聚合生成茶黄质和茶红质等有色物质，其干茶色泽和冲泡的茶汤以红黄色为主调；黄茶为85%发酵，为半发酵茶；黑茶为80%发酵，为后发酵茶；乌龙茶为60%—70%发酵，为半发酵茶，制造时较之绿茶多了萎凋和发酵的步骤，鲜叶中一部分天然成分会因酵素作用而发生变化，产生特殊的香气及滋味，冲泡后的茶汤色泽呈金黄色或琥珀色；白茶为5%—10%发酵，为轻发酵茶；绿茶是完全不发酵的，在制作过程中没有发酵工序，茶树的鲜叶采摘后经过高温杀青，去除其中的氧化酶，然后经过揉捻、干燥制成，成品干茶保持了鲜叶内的天然物质成分，茶汤青翠碧绿。

按熏花种类分类

茶叶按是否熏花，可分为花茶与素茶两种。所有茶叶中，仅绿茶、红茶和包种茶有熏花品种，其余各种茶叶，很少有熏茶。这种茶除茶名外，都冠以花的名称，以下为几种花茶：

茉莉花茶

1. 茉莉花茶

茉莉花茶又称茉莉香片。它是将茶叶和茉莉鲜花进行拼合，用茉莉花熏制而成的品种。茶叶充分吸收了茉莉花的香气，使得茶香与花香交互融合。茉莉花茶使用的茶叶以绿茶为主，少数为红茶和乌龙茶。

茶坯吸收花香的过程被称为窨制，茉莉花茶的窨制是很讲究的，有"三窨一提，五窨一提，七窨一提"之说，意思是说制作花茶时需要窨制3—7遍才能让毛茶充分吸收茉莉花的香味。每次毛茶吸收完鲜花的香气之后，都需要筛出废花，接着再窨花，再筛废花，再窨花，如此进行数次。因此，只要是按照正常步骤加工并无偷工减料的花茶，无论档次高低，冲泡数次之后仍应香气犹存。

2. 桂花茶

桂花茶是由精制茶坯与鲜桂花窨制而成的一种名贵花茶，香味馥郁持久，茶色绿而明亮。茶叶用鲜桂花窨制后，既不失茶原有的香，又带有浓郁的

桂花龙井茶

桂花香气。桂花茶是普遍适合各类人群饮用的佳品。

桂花茶盛产于四川成都、广西桂林、湖北咸宁、重庆等地。西湖龙井与代表杭州城市形象的桂花窨制而成的桂花龙井、福建安溪的桂花乌龙等，均以桂花的馥郁芬芳衬托茶的醇厚滋味而别具一格，成为茶中珍品。另外，桂花烘青还远销日本、东南亚地区，深受国内外消费者的喜爱。

玫瑰红茶

3. 玫瑰红茶

玫瑰红茶是玫瑰茶的一种，是由上等的红茶与玫瑰花混合窨制而成的。它口感醇和，除了具有一般红茶的甜香味，还散发着浓郁的玫瑰花香。玫瑰红茶是深受广大女性喜爱的佳品。

按制造程序分类

茶按照制造程序分类，可分为毛茶与精茶两类。

1. 毛茶

毛茶又称为粗制茶或初制茶，是茶叶经过初制后含有黄片、茶梗的成品。其外形比较粗糙，大小不一。

毛茶

毛茶的加工过程就是筛、切、选、拣、炒的反复操作过程。筛选时可以分出茶叶的轻重，区别品质的优次；接着经过复火，可以使头子茶紧缩干脆，便于切断，提高工效。因为茶坯身骨软硬不同，不仅很难分出茶叶品质的好坏，且容易走料，减少经济收入。所以必须在茶坯含水量一致的情况下，再经筛分、取料、风选、定级，才能达到精选茶坯、分清品质优次、取料定级的目的。拣剔是毛茶加工过程中最费工的作业。为了提高机器拣剔的效率，尽量减轻拣剔任务，达到纯净品质的目的，首先要经过筛分、

精茶

风选，使茶坯基本上均匀一致，然后再经拣剔，这样才能充分发挥机器拣剔的效率，减少手工拣剔的工作量，达到拣剔质量的要求。

从毛茶到精茶，经过整个生产流水作业线的过程，被称为毛茶加工工艺程序。目前，我国茶厂有的采用先抖后圆的做法，有的采用先圆后抖的做法。

由于毛茶的产地、鲜叶老嫩、采制的季节、初制技术等的不同，品质往往差

异很大，但不妨碍人们饮用。

2. 精茶

精茶又称为精制茶、再制茶、成品茶，是毛茶经分筛、拣剔等精制的手续，使其成为形状整齐与品质划一的成品。

按制茶的原材料分类

按照制茶所需的原材料，茶叶又可分为叶茶和芽茶两类。不同的茶对原材料的要求各不相同，有的需要新鲜叶片制作，因而要等到枝叶成熟后才可摘取；有的则需要采摘其嫩芽，需要芽越嫩越好。

1. 叶茶

顾名思义，以叶为制造原料的茶类称为"叶茶"。叶茶类以采摘叶为原则，如果外观上有明显的芽尖，则可能是品质较差的夏茶。以下列举两种叶茶：

＊酸枣叶茶

酸枣产于我国北方地区，属于落叶灌木或小乔木。酸枣全身都是宝，不仅其果实可以食用，根茎叶皆有药用价值，种子也具有镇定、安神的作用。

除此之外，采摘野生酸枣 4 — 5 月的嫩叶，还可以制成酸枣叶茶。

菩提叶茶

＊菩提叶茶

菩提树的花朵为米黄色，因其含有特殊的挥发性油，香味十分清远。在德国，菩提叶茶又称为"母亲茶"，因为它们的香气犹如母亲般的慰藉。

菩提叶中含有丰富的维生素 C，对人体的神经系统、呼吸系统以及新陈代谢作用极大。

2. 芽茶

用茶芽制作而成的茶类叫作"芽茶"。芽茶以白毫多为特色，茸毛的多少与品种有关，这些茸毛在成茶上体现出来的就是白毫。例如白毫、毛峰或龙井茶等。

市场上，只要看见标有"白毫"或"毛峰"的产品，例如白毫乌龙、白毫银针或黄山毛峰等，这些品种的茶都十分注重白毫，原材料也必须挑选茸毛多的品种。当然，并不是所有的芽茶都注重白毫，有的芽茶在制作过程中就将茸毛压实，俗称"毫隐"。

按茶的生长环境分类

根据茶树生长的地理条件，茶叶可分为高山茶、平地茶和有机茶三种类型，品质也有所不同。

1.高山茶

我国历代贡茶、传统名茶以及当代新创的名茶，往往多产自高山。因而，相比平地茶，高山茶可谓得天独厚，也就是人们平常所说的"高山出好茶"。

白毫银针

明代陈襄诗曰："雾芽吸尽香龙脂。"意思是说高山茶的品质之所以好，是因为在云雾中吸收了"龙脂"的缘故。我国名茶以山名加云雾命名的特别多，例如花果山云雾茶、庐山云雾茶、高峰云雾茶、华顶云雾茶、南岳云雾茶、熊洞云雾茶等。其实，高山之所以出好茶，是优越的茶树生态环境造就的。

茶树一向喜温湿、喜阴，而海拔比较高的山地正好满足了这样的条件，温润的气候，丰沛的降水量，浓郁的湿度，以及略带酸性的土壤，促使高山茶芽肥叶壮，色绿茸多。制成之后的茶叶条索紧结，白毫显露，香气浓郁，耐冲泡。

所谓高山出好茶，是与平地相比较而言，并非山越高，茶越好。那些名茶产地的高山，海拔都集中在 200 — 600 米。一旦海拔超过 800 米，气温就会偏低，这样往往会影响茶树的生长，且茶树容易受白星病危害，用这种茶树新梢制出来的茶叶，饮起来涩口，味感较差。另外，只要气候温和，云雾较多，雨量充沛，以及土壤肥沃，土质良好，即使不是高山，普通的地域也同样可以产出好茶来。

2.平地茶

平地茶茶树的生长比较迅速，但是茶叶较小，叶片单薄，相比起来比较普通；加工之后的茶叶条索轻细，香味比较淡，回味短。

平地茶与高山茶相比，由于生态环境有别，不仅茶叶形态不一，而且茶叶内质也不相同：平地茶的新梢短小，叶色黄绿少光，叶底硬薄，叶张平展。由此加工而成的茶叶，香气稍低，滋味较淡，身骨较轻，条索细瘦。

3.有机茶

有机茶就是在完全无污染的产地种植生长出来的茶芽，在严格清洁的生产体系里生产加工，并遵循无污染的包装、储存和运输要求，且要经过食品认证机构的审查和认可而成的制品。

从外观上来看，有机茶和常规茶很难区分，但就其产品质量的认定来说，两者存在着如下区别：

其一，常规茶在种植过程中通常使用化肥、农药等农用化学品；而有机茶在种植和加工过程中禁止使用任何人工合成的助剂和农用化学品。

其二，常规茶通常只对终端产品进行质量审定，往往很少考虑生产和加工过程；而有机茶在种植、加工、贮藏和运输过程中，都会进行必要的检测，以保证全过程无污染。因此，消费者从市场上购买有机茶之后，如果发现有质量问题，完全可以通过有机茶的质量跟踪记录追查到生产过程中的任何一个环节，这是购买常规茶难以实现的。

冻顶乌龙（高山茶）　　西湖龙井（平地茶）　　有机茶

丰富多彩的茶文化

说到茶文化，茶自然是其中的主角之一。随着茶在人们生活中占据的地位越来越高，茶文化也逐渐发展完善，变得丰富多彩起来。与茶有关的文化包括各类著作、诗词、书画、茶联、歌舞、婚礼、祭祀等，几乎涵盖了我国文化的各个方面。茶由我国起源，又被各国接纳，而种类繁多、历史悠久的茶文化俨然成了我国与世界联系的纽带。如果大家想了解茶文化的真正内涵，那就请随我们一同踏上茶文化之旅吧。

茶与名人

从古至今，茶穿梭于各种场合之中。它进入皇宫，成为皇宫中的美味饮品之一；它流入寻常百姓家，成为待客的首选。除此之外，它还与各类人打交道，上至王公大臣，下至黎民百姓，其中不乏各类名人，古今皆有。

1.神农

第一个闻到茶香味的可以说是神农了。《茶经》中记载："茶之为饮，发乎神农氏，闻于鲁周公。"由此看来，早在神农时期，茶及其药用价值就已被发现，并由药用逐渐演变成日常生活饮品。

2.陆羽

陆羽与茶也结下了不解之缘。他生前爱茶，并著有《茶经》一书，将与茶有关的知识介绍得极为详细。除此之外，陆羽开创的茶叶学术研究，历经千年，研究的门类更加齐全，研究的手段更加先进，研究的成果更是丰富，茶文化因此得到了更为广泛的发展。陆羽的贡献逐渐被中国乃至世界认可。

3.皎然

说到诗僧，大家一定会想到皎然，他是南朝宋诗人谢灵运的十世孙。其实，他不仅爱诗，更爱茶。他与陆羽常常论茶品味，并以诗文唱和。其作品之中对茶饮的功效及地方名茶特点等都有介绍。

皎然博学多识，著作颇丰，有《杼山集》十卷、《诗式》五卷、《诗评》三卷及《儒释交游传》《内典类聚》《号呶子》等著作，时至今日仍被无数茶人捧读。

4. 卢仝

卢仝，唐代诗人，他好茶成癖，诗风浪漫。他的诗作《走笔谢孟谏议寄新茶》，传唱千年而不衰。其中最为著名的是"七碗"之吟："一碗喉吻润，两碗破孤闷。三碗搜枯肠，唯有文字五千卷。四碗发轻汗，平生不平事，尽向毛孔散。五碗肌骨清，六碗通仙灵。七碗吃不得也，唯觉两腋习习清风生。"诗作将他对茶饮的感受及喜爱之情皆展现出来，由此我们也能看出他与茶的感情至深，真可谓："人以诗名，诗则又以茶名也。"

5. 曹雪芹

一部《红楼梦》让人记住了曹雪芹的名字。曹雪芹对茶的喜爱可以在《红楼梦》中寻找到踪迹，例如"倦绣佳人幽梦长，金笼鹦鹉唤茶汤""静夜不眠因酒渴，沉烟重拨索烹茶""却喜侍儿知试茗，扫将新雪及时烹"……这些诗词将他的诗情与茶意相融合，为后人留下的不仅是诗词，也是无数与茶相关的知识。

 茶典、茶人与茶事

《红楼梦》中的茶

中国古典名著《红楼梦》不愧是一部百科全书，其中涉及的茶事就有260多处，出现"茶"字四五百次，涉及龙井茶、普洱茶、君山银针、六安茶、老君眉等名茶，众多茶俗不仅反映了贡茶在清代上层社会的广泛性，也体现出作者曹雪芹对茶事、茶文化的深刻理解。正所谓一部《红楼梦》，满纸茶叶香。

曹雪芹画像

另外，妙玉以雪烹茶等详细描写，更衬托出曹雪芹对茶的热爱；贾府中不同院落里的精致茶器，也从另一个角度突出了院落主人的性情以及贾府的奢华。不难看出，曹雪芹的确可称为爱茶之人。

6. 张岱

明末清初的文学家张岱认为人的一生应有爱好，甚至应该有"癖"，有"瘾"。那么，他的诸多爱好中，称为"癖"的非"茶癖"莫属了。种种史料表明，他对绍兴茶业的发展做出了极大的贡献，在《兰雪茶》一文中，他说："遂募歙人入日铸，扚法、掐法、挪法、撒法、扇法、炒法、焙法、藏法，一如松萝。"兰雪茶一经出现后，立即得到人们的好评，绍兴人原来喝松萝茶的也只喝兰雪茶了，甚至在徽州各地，原来唯喝松萝茶的也改为只喝兰雪茶了。张岱不仅创制了兰雪茶新品种，还发现和保护了绍兴的几处名泉，如"禊泉""阳和泉"等，使绍兴人能用上上等泉水煮茶品茗。由此看来，张岱与茶真如莫逆之交一样。

7. 巴金

著名文学家、翻译家巴金很早就与潮汕工夫茶结缘。作家汪曾祺在《寻常茶话》中记载："1946年冬，开明书店在绿杨村请客。饭后，我们到巴金先生家喝工夫茶。几个人围着浅黄色老式圆桌，看陈蕴珍（萧珊）表演，炽炭，注水，淋壶，筛茶。每人喝了三小杯。我第一次喝工夫茶，印象深刻。这茶太酽了，只能喝三小杯。在座的除巴先生夫妇，有靳以、黄裳。一转眼，43年了。靳以、萧珊都不在了。巴老衰病，大概再没有喝一次工夫茶的兴致了。那套紫砂茶具大概也不在了。"

巴金平时喝茶很随意，用的是白瓷杯，后来，著名制壶大师许四海去拜访，用紫砂壶为他冲泡了乌龙茶。茶还没喝时，一股清香就已经从壶中飘出，巴金一连喝了几盅，连连称赞。

8. 汤姆斯·立顿

提到汤姆斯·立顿，可能许多人不知道他是谁，但提起"立顿"这个品牌，相信大家一定不会陌生。他就是立顿红茶的创办人，以"让全世界的人都能喝到真正的好茶"为口号，让"立顿"这个品牌响彻全球。

汤姆斯对红茶极其热衷，他发现红茶会因水质不同而有口味上的微妙差异，例如，适合曼彻斯特水质的红茶来到伦敦便完全走味，于是他想了个办法，让各地分店定期送来当地的水，再配合各地不同的水质创立不同的品牌。除此之外，他卖茶的方式也与众不同，以前的茶叶都是称重量，而他将茶叶分为许多不同重量的小包装，并在上面印有茶叶品质，这种独特的方式令许多人争相购买。

时至今日，由汤姆斯奠定的基础，以及后人对茶的求新求变，使立顿红茶行销全世界。"立顿"几乎成为红茶的代名词，在世界各个角落都能品尝到它的芳香。

从古至今，从中国到海外，茶与无数名人都结下了深厚的缘分。人们爱茶、敬茶，茶叶则将其独特的馥郁芬芳留给了每个喜爱它的人。到了今天，仍有无数名人与茶为伴，品味着一个又一个清幽雅致的故事。

茶与歌舞

茶歌与茶诗、茶画的情况一样，都是由茶文化派生出来的一种与茶相关的文化现象。现存资料显示，最早的茶歌是陆羽茶歌，皮日休在《茶中杂咏序》中就这样记载："昔晋杜育有《荈赋》，季疵有《茶歌》。"但可惜的是，陆羽的这首茶歌已经散佚，具体内容无从考证。

不过在唐代中期，一些茶歌还能被找到，例如皎然的《饮茶歌·诮崔石使君》、卢仝的《走笔谢孟谏议寄新茶》、刘禹锡的《西山兰若试茶歌》等。

到了宋代，由茶叶诗词而传为茶歌的这种情况较多，如熊蕃在十首《御苑采茶歌》的序文中称："先朝漕司封修睦，自号退士，曾作《御苑采茶歌》十首，传在人口。"这里所说的"传在人口"，就是指在百姓间传唱歌曲。

以上介绍的茶歌都是诗歌加以配乐得成，正如《尔雅》所说的"声比于琴瑟曰歌"。《韩诗章句》也有记载："有章曲曰歌。"他们都认为诗词只要配以章曲，声之如琴瑟，那么这首诗就可以称为歌了。

茶歌的另一种来源是由茶谣开始，即完全是茶农和茶工自己创作的民歌或山歌。茶农在山上采茶，处在鸟语花香、天高气爽的环境，忍不住开口放声歌唱。如清代流传在每年到武夷山采制茶叶的江西劳工中的歌，其歌词如下：

> 清明过了谷雨边，背起包袱走福建。
> 想起福建无走头，三更半夜爬上楼。
> 三捆稻草搭张铺，两根杉木做枕头。
> 想起崇安真可怜，半碗腌菜半碗盐。
> 茶叶下山出江西，吃碗青茶赛过鸡。

采茶可怜真可怜，三夜没有两夜眠。

茶树底下冷饭吃，灯火旁边算工钱。

武夷山上九条龙，十个包头九个穷。

年轻穷了靠双手，老来穷了背竹筒。

由民谣改编的类似茶歌还有许多，不过当时茶农采制的茶往往都要作为贡茶献给宫廷，其辛苦程度也可想而知。因此，不少茶歌都是描绘茶农悲苦生活的，例如《富阳江谣》，歌是这样唱的：

富春江之鱼，富阳山之茶。

鱼肥卖我子，茶香破我家。

采茶妇，捕鱼夫，官府拷掠无完肤。

昊天胡不仁？此地亦何辜？

鱼胡不生别县，茶胡不生别都？

富阳山，何日摧？富阳江，何日枯？

山摧茶亦死，江枯鱼始无！

呜呼！山难摧，江难枯，我民不可苏！

有个官吏叫韩邦奇，给皇上上奏章，用了这首歌谣，皇上大怒，说："引用贼谣，图谋不轨。"韩邦奇为此差点儿丢了命。由此看来，君王杯中茶，俨然是百姓的辛酸泪！

这些茶歌开始并没有形成统一的曲调，后来唱得多了，也就形成了自己的曲牌，同时形成了"采茶调"，致使采茶调和山歌、盘歌、五更调、川江号子等并列，发展成为我国南方的一种传统民歌形式。当然，采茶调变成民歌的一种格调后，其歌唱的内容就不一定限于茶事或与茶事有关的范围了。

茶具

　　边唱茶歌，边手足起舞，便成了茶舞。以茶事为内容的舞蹈可能发展较早，但在元代和明清期间，我国舞蹈经历了一段衰落时期，因而在史料中对我国茶舞的记载很少。现在能被人们知道的，仅仅是流行于我国南方各省的"茶灯"或"采茶灯"。

　　茶灯是福建、江西、湖南、湖北、广西等地采茶灯的简称，是过去汉族中比较常见的一种民间舞蹈形式。茶灯在广西被称为壮采茶和唱采舞；在江西称其为茶篮灯和灯歌；在湖南、湖北也被称为采茶和茶歌。

　　这种茶舞在各地有着不同的名字，连跳法也有所不同。但一般来说，跳舞的人往往是一男一女或一男二女，有时人数会更多。跳舞者腰中系着绸带，女人左手提着茶篮，右手拿着扇子，边唱边跳，清新活泼，表现了姑娘们在茶园劳动的勤劳画面；男人则手拿铁尺，以此作为扁担或锄头，同样载歌载舞。

　　这种茶灯舞属于汉族的民间舞蹈，而我国其他民族也有类似的以敬茶饮茶为内容的舞蹈，同样可以看成一种茶舞。例如云南白族的人们，他们手中端着茶或酒，在领歌者的带领下，唱着茶歌，弯着膝盖，绕着火塘转圈圈，以歌纵舞，以舞狂歌；彝族与白族类似，老老少少会在大锣和唢呐的伴奏下，手端茶盘或酒盘，边舞边走，把茶、酒一一献给每位客人，然后再边舞边退。

　　中国现代最著名的茶舞，当推音乐家周大风先生作词作曲的《采茶舞曲》。这个舞中有一群江南少女，载歌载舞，将江南少女的美感与茶的风韵融合在一起，使满台生辉，将茶文化的魅力与精髓表现得淋漓尽致。

　　茶歌、茶舞的兴起，让我国的茶文化变得更加鲜活生动、多姿多彩。试想一下，当人们在茶园中采茶时，面对着绿油油的茶树，温暖和煦的阳光，唱起歌来跳起舞，一定会是一幅极其美妙的画面。

茶与婚礼

我国古人常把茶与婚姻联系起来，他们认为，茶代表坚贞、纯洁的品德，也象征着多子多福。还有人认为"茶不移本，植必生子"，这与我国古代广泛流行的婚姻观念极其吻合，所以茶与婚礼的各种习俗一直流传至今。

1. 送茶

送茶即男方家向女方家"求喜""过礼"。我国云南一些少数民族，男方向女方求婚时要带上茶叶等物品，只有女方收下"茶礼"，婚事才算定下，否则，女方就要把这些礼物退给男方。另外，在我国湖南的一些少数民族中，男方向女方送茶时，必须带上"盐茶盘"，即用灯芯染色组成"鸾凤和鸣""喜鹊含梅"等图案，再用茶和盐将盘中的空隙堆满。如果女方接受盐茶盘，就表示答应男方的求喜，双方确定婚姻关系。

送茶这一过程与订婚相似，我国各地都有类似的仪式，虽然相差很大，但有一点却是共通的，即男方都要给女方家送一定的礼品，即"送小礼"和"送大

 茶典、茶人与茶事

关于茶的禅语故事

唐代赵州观音寺有一个高僧名叫从谂禅师，人称"赵州古佛"，他喜爱饮茶，不仅自己爱茶成癖，还积极倡导饮茶之风，他每次说话前，都要说一句："吃茶去。"

据《广群芳谱·茶谱》引《指月录》中记载："有僧至赵州，从谂禅师问：'新近曾到此间么？'曰：'曾到。'师曰：'吃茶去。'又问僧，僧曰：'不曾到。'师曰：'吃茶去。'后院主问曰：'为甚么曾到也云吃茶去，不曾到也云吃茶去？'师召院主，主应喏，师曰：'吃茶去。'"从此，人们认为吃茶能悟道，"吃茶去"也就成了禅语。

礼"，这样才会把亲事定下来。但无论送什么礼品，除首饰、衣料、酒与食品外，茶都是必不可少的。送过小礼之后，过一定时间，还要送大礼，有些地方送大礼和结婚合并进行，也称"送彩礼"。大礼送的衣料、首饰、钱财比小礼多，视家境情况，多的可到二十四抬或三十二抬。但大礼中，不管家境如何，茶叶、龙凤饼、枣、花生等一些象征性礼品都是不可缺少的。当女方收到男方家的彩礼之后，也要送些嫁妆，虽然嫁妆随家庭经济条件而有多寡，但不管怎样，一对茶叶罐是少不了的。由此看来，茶与婚礼的关系实在紧密。

2. 吃茶

明人郎瑛在《七修类稿》中，有这样一段说明："种茶下子，不可移植，移植则不复生也，故女子受聘，谓之吃茶。"在婚俗中，"吃茶"意味着许婚。在浙江某些地区，媒人奔波于男女双方之间的说合，俗称"食茶"，是旧时汉族的一种婚俗。媒人受到男方之托，向女方提亲，如果女方应允，则用桂圆干泡茶，或用三只水泡蛋招待，俗称"食茶"。当地将其称为"圆眼茶"和"鸡子茶"。

汉族"吃茶"和订婚的以茶为礼一样，都带有"从一"的意思，而我国其他民族结婚时赠茶和献茶，多数只将其作为生活的一种礼俗而已。例如，有一些少数民族，还留有古老的"抢婚"风俗。男女两家先私下商定婚期，届时仍叫姑娘外出劳动，男方派人偷偷接近姑娘，然后突然把姑娘"抢"了就走，边跑边高声大喊："某某人家请你们去吃茶！"女方亲友闻声便迅速追上"夺回"姑娘，然后再在家正式举行出嫁仪式。由此看来，这与汉族的"吃茶"在很大程度上有所不同，因此，"吃茶"这个词也不能一概而论。

3. 三茶

"三茶"是旧时的婚俗之一，指订婚时的"下茶"，结婚时的"定茶"，同房时的"合合茶"。这种习俗现在已经不常见了，但"三茶"有其独特的意义：媒人上门提亲，沏以糖茶，有美言之意；男子上门相亲，置贵重物品或钱钞于杯中送还女方，如果姑娘收下则为心许，随即会递送一杯清茶；入洞房前，还要以红枣、花生、龙眼等泡入茶中，并拌以冰糖招待客人，为早生贵子跳龙门之美意。

4. 新婚请茶

新婚请茶在许多地方仍有人使用。婚礼宴请男女双方的至亲好友，为表达对他们的感激，泡清茶一杯，摆糖果、瓜子等几种茶点招待，既节约又热闹亲切。

5. 新婚三道茶

新婚三道茶也被称为"行三道茶"，主要用于新婚男女在拜堂成亲后饮用，通常饮用三道：第一道是两杯白果汤，新郎新娘双手接过第一道茶，对着神龛作揖以敬神；第二道是莲子红枣汤，新郎新娘将其敬给父母，感谢父母的养育之恩；第三道是茶汤，需要两人一饮而尽，意在祈求神灵保佑新人白头到老、夫妻恩爱。

6. 退茶

退茶意味着退婚，退掉了"定亲礼"。如果女方对父母包办的婚姻不满意，不愿意出嫁，就用纸包一包干茶亲自送到男方家，把茶叶包放在堂屋桌子上转身就走。这样是含蓄地向男方父母表达辞谢之意，只要不被男方家人抓住，婚约就算废除。

7. 离婚茶

离婚茶的习俗源于滇西，也被称为好聚好散茶。男女双方离婚时，既不会大吵大闹，也不会出口伤人，他们会选择一个吉日，用喝茶的方式解决自己的感情问题，顺其自然地走向各自的生活。

唱离婚茶的过程简单叙述如下：男女双方谁先提出离婚就由谁负责摆茶席，请亲朋好友围坐。长辈会亲自泡好一壶"春尖"茶，递给即将离婚的男女，让他们在众亲人面前喝下。如果这第一杯茶男女双方都不喝完，只象征性地品一下，那么就证明婚姻生活还有余地；如果双方喝得干脆，则说明能够继续生活下去的可能性很小。

第二杯还是要离婚的双方喝，这一杯较前一杯甜，是泡了米花的甜茶，这样的茶据说是承载了长辈念了72遍的祝福语，能让人回心转意。可是如果这样的茶，还是被男女双方喝得见杯底，那么就只有继续第三杯。

第三杯是祝福的茶，在座的亲朋好友都要喝，不苦不甜，并且很淡，喝起来简直与清水差不多。这杯茶的寓意很清楚，从今以后，离了婚的双方各奔前程，说不上是苦还是甜。因为离的婚没有赢家，先提出离婚的一方不一定会好过，被背弃的一方说不定会因此找到真正的幸福。

喝完三杯茶，主持的长辈就会唱起一支古老的茶歌，旋律让人心伤，即将各奔东西的男女听完也会不住地抹眼泪。如果男女双方此刻心生悔意，还来得及握

茶具

手言和。

　　整个过程虽然朴素，但它不仅送别过无数从此分道扬镳的夫妻，也挽救过不少的婚姻。试想一下，若是现今社会的人们在离婚时能添加这样一个过程，相信也能挽救不少婚姻吧。

茶与棋

　　南宋诗人陆游写过这样两句诗："茶炉烟起知高兴，棋子声疏识苦心。"此句诗中，将茶与棋联系在一起。除了陆游，我国还有很多诗人都吟咏过类似的诗句，例如明代曹臣的《舌华录》中，把琴声、棋子声、煎茶声等并列为"声之至清者也"，还说"琴令人寂，茶令人爽，竹令人冷，月令人孤，棋令人闲"。由此看来，我国很早以前就将茶与棋看作一体，"琴棋书画诗酒茶"还被自古以来的文人雅士列为引以为豪的七件雅事。

　　棋与茶是亲密的伙伴，在唐朝一同兴盛，又一同作为盛唐文化经典漂洋过海，在东瀛扎根。同时，它们还传入朝鲜半岛和周边地区。如今，茶与棋已经进入世界几十个国家和地区，将古老东方的文化播撒向全球，为世人所喜爱。

　　人们将茶与棋联系起来也是有原因的，因为二者有着较为相似的地方。例如，下围棋时讲究下本手，其特点是：下这步棋的时候，功用不明显，但如果不走，需要时又无法补救，因此，为了防患未然，必须舒展宽裕地下出本手来。一般来说，那些华而不实的虚招往往会令对手反感。棋下得厚，积蓄的力量就会越来越大，围棋术语称之为"厚味"；但棋又不可下得太厚，否则赢棋的概率就会变低；棋下得厚实，借力处就多，让对方处处受掣肘，时时小心提防，着子也得远些，免得被强大的厚味吞噬。因而，在这二者之间能够保持平衡的人才算得上是高手。

　　由此我们联想到茶的某些特性。茶在某些方面也讲求这样的平衡，茶采摘得不能太早也不能太迟，若太早，其精华还未凝聚，制成的茶经不起冲泡，且味道很淡；若采得太迟又会太过粗老，因而，采摘的时间需要掌握一定的平衡。除了茶的采摘，泡茶的时间也需要保持平衡，不可冲泡太久，亦不可冲泡太短；不可用太烫的水冲泡，又不能让温度降得太低；喝茶虽然有许多功效，但又不宜多饮，否则单宁酸摄入过多，会对身体造成损伤……总之，从茶的采摘开始，到品饮结束，许多环节都需要把握一个度，掌握平衡。

　　另外，茶产于名山大川，其性平和而中庸；棋崇尚平等竞技，一人一手轮流下子，棋逢对手本身就是一种平衡，完全符合中庸之道。中国茶道通过茶事，创造了一种平和宁静的氛围和一个空灵虚静的心境，曲径通幽，远离杂乱喧嘈也是弈者追求的一种棋境；对弈过程中，胜负乃是其次，重要的是于棋艺中彼此切磋，悟出棋中的精髓，这与饮茶的意境又相辅相成。由此可以说，茶道与棋道紧密联系，一同成为东方文化的瑰宝。

　　此外，饮茶对于下棋来说还有许多益处：饮茶能令下棋之人思维敏捷、清晰，帮助其增加斗志，这是其他饮品难以企及的。正因为茶、棋相似的品性，我

国才出现了许多以茶会友、以棋会友的茶艺馆。这些茶艺馆在表演茶文化魅力的同时，也为对弈者提供了远离尘嚣、曲径通幽的良好棋境。在这些地方，爱下棋的人们可以潇洒驰骋于天地间，神清气爽，喝着并不贵的盖碗茶，以茶助弈，把棋盘暂作人生搏击的战场，暂时忘却生活的烦扰，沉浸在棋局与茶香里；而茶客也可以边饮茶边观看对弈，乐趣尽在其中。因此，茶被认为是世外桃源中的"忘忧君"，这些茶艺馆也被茶人、棋人看作"世外桃源"。

茶与棋的关系并不是三言两语就能讲透的，需要每个爱茶与爱棋之人细细体味之后才能品出其中的韵味。看似遥不可及的两种事物，其中丝丝相连的意味却渗入每个人的心中，一同转化为中国文化几千年来的魅力。

四

特色茶俗

我国地域辽阔，人口众多。饮茶习惯一代代地传下来，可饮茶的习俗却因不同地域而千姿百态，各有各的风采与特色。茶俗是我国传统文化的沉淀，也是人们内心世界的折射，它贯穿在人们的生活中，为人们的物质与精神世界添加了浓墨重彩的一笔，同时涂抹出了中国茶文化最亮丽的色彩。

北京大碗茶

由于北方人豪爽、粗犷，在饮茶方面也带有这种性格的烙印。喝大碗茶的风尚，在过去北方地区是随处可见的，特别是在大道两旁、车船码头，甚至田间劳作都少不了它的身影。摆上一张简陋的木桌和几个小板凳，茶亭主人用大碗卖茶，价钱便宜，便于过往的行人就地饮用。因为从前在北京前门大街多有这样的茶摊，所以被人们称作北京大碗茶。

早年间的北京大碗茶都是挑担做生意。在各个城门脸儿附近、什刹海边儿上或街头巷尾处，经常有挑担卖大碗茶的人。挑子前面装着大瓦壶，后面装着几个粗瓷碗，随身还会带着几个小板凳。这些人边走边吆喝，遇见买家就停下来，摆上板凳卖茶。

茶摊

时间久了，这种卖茶的方式发生了变化。他们改成了茶摊，一般在树荫下或是固定的街边，支张小桌，再摆几个小板凳。提前泡好茶水，待客人来了，就能喝到温热的茶了。大碗茶多用大壶冲泡，大桶装茶，大碗畅饮，处处都透着粗犷的"野味"。也正因如此，它的布局摆设也颇为随意，不需要多精致的茶具，也不需要多华丽的楼、堂、馆，摆设简单，目的也很简单，主要为过往客人解渴，并为其提供小憩之处而已。

北京大碗茶主要是为普通百姓解渴的饮品，具有平民化和大众化的特点。一是大碗茶使用的茶叶是北方人喜欢的花茶，且价格低廉；二是茶摊的摆设很简单，带给人的感觉也是随意而亲近。

现代北京大碗茶有以下两个特点：

1. 解渴

人在逛街逛得口干舌燥的时候，如果能碰见卖大碗茶的小摊子就猛灌一气。这种喝法只是为了解渴，不在乎茶叶和水的品质好不好，更不在乎茶具的精细程度。因而，喝得多、喝得快也就达到最初的目的了。在这种状态下，你一定会感受到北京大碗茶最本质的特色。

2. 讲究

随着时代的进步，北京已经出现了许多具有特色的茶馆。茶叶比摊子上讲究，花茶、红茶、绿茶、乌龙茶，茶叶五花八门，种类繁多，相信一定会有你喜欢的一种。闲暇时候，邀几位茶友，在茶馆中边品茶，边欣赏茶艺表演，这样的方式

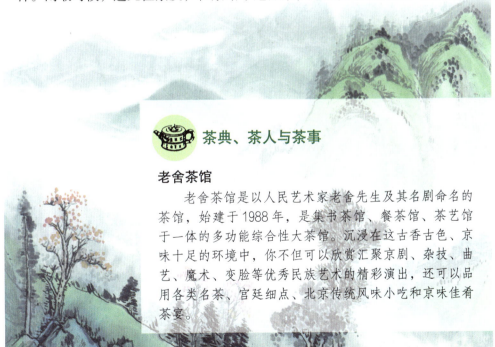

茶典、茶人与茶事

老舍茶馆

老舍茶馆是以人民艺术家老舍先生及其名剧命名的茶馆，始建于1988年，是集书茶馆、餐茶馆、茶艺馆于一体的多功能综合性大茶馆。沉浸在这古香古色、京味十足的环境中，你不但可以欣赏汇聚京剧、杂技、曲艺、魔术、变脸等优秀民族艺术的精彩演出，还可以品用各类名茶、宫廷细点、北京传统风味小吃和京味佳肴茶宴。

不仅有范儿，而且是一种高档的文化享受。

其实大多数的人喝北京大碗茶，既不是为了讲究排场，也不是为了解渴，而是成了一种习惯。不管经济条件如何，清早起来闷上一壶北京大碗茶，一直等到喝满足了，这才吃了早点，出门上班去。这样一种品茶方式，实在可以称作一种地域的茶文化，也令北京大碗茶名扬国内外。

羊城早市茶

羊城是广州的别称，早市茶，又称早茶，多见于中国大、中城市，其中历史最悠久、影响最深的是广州。

广东人喜欢饮茶，尤其喜欢去茶馆饮早茶。早在清代同治、光绪年间，就有"二厘馆"卖早茶。广东人无论是早晨上班前，还是在下班后，总爱去茶楼泡上一壶茶，要上一些点心，围桌而坐，饮茶品点，畅谈国事、家事、身边事，其乐融融。亲朋之间，在茶楼上谈心叙谊，也会倍觉亲近。所以许多人喜欢在茶楼聊天，或者洽谈业务、协调工作，就连年轻男女谈情说爱，也大多数选择在茶楼。

广州有早茶、午茶和夜茶三市，当地人品茶大都早、中、晚三次，但早茶最为讲究，饮早茶的风气也最盛。由于饮早茶是喝茶佐点，因此当地人将饮早茶称为吃早茶。茶楼的早市清晨四点左右开门。当茶客坐定时，服务员前来请茶客点茶和糕点，廉价的谓"一盅二件"，一盅指茶，二件指点心。配茶的点心除广东人爱吃的马蹄糕、糯米鸡等外，近年来还增加了西式糕点。人们既可以根据自己的需要，当场点茶，品味传统香茗，又可以按自己的口味，要上几款精美清淡小点。如此吃来，更加津津有味，既润喉充饥，又风味横生。

当地较为高档的茶馆被称为茶楼。一般有三层楼高，不仅有单间，还有雅座、中厅；房间甚至分成中式、西式、日式和东南亚式的，总之都是舒适清雅，极具特色。而当地人品早茶，常常是把它当作早餐的。有些人喝完早茶后直接去上班，有些人则是以此为消遣，更有许多人全家上下围在一起吃早茶，共享天伦之乐。所以这类茶客不去豪华酒家、高档茶楼，而到就近街边的小茶馆，不仅经济实惠，还富有当地浓浓的风情与特色。

羊城早市茶已经成为广州的一大特色，除了当地人，不少外地游客甚至连国外友人到了这里，都会去领略其特点。一直以来，这种吃茶的方式都被看作充实生活和联谊社交的一种手段，这种风俗之所以长盛不衰，甚至更加延伸扩展，想来就是这个原因吧。

成都盖碗茶

我国许多地区都有喝盖碗茶的习俗，尤以我国西南地区的一些大、中城市最为盛行，而在成都，盖碗茶几乎成为当地茶馆的"代言人"，无论是家庭待客，还是在茶楼中，人们通常都用此法饮茶。

盖碗是由茶盖、茶碗、茶托三部分组合而成的茶具。它既有茶壶的功能，又有茶碗的用处。也就是说，它既能保持茶水的温度，又可以通过开闭盖儿，调节茶叶的溶解程度。如口渴急于喝茶，只消用茶盖刮刮茶水，让茶叶上下翻滚，便能立即饮上一口香喷喷、热腾腾的浓郁香茶。如要慢慢品尝，可隔着盖儿细细啜饮，免得茶叶入口的同时浓如蜜、香沁鼻的茶水缓缓入口，令人爽心惬意。盖碗茶的扬名，便由此而来。

在茶楼中，盖碗茶的冲泡过程十分有趣：堂倌边唱喏边流星般转走，右手握长嘴铜茶壶，左手卡住锡托垫和白瓷碗，左手一扬，"哗"的一声，一串茶垫脱手飞出，茶垫刚停稳，"咔咔咔"，茶碗已放在了茶垫上，捡起茶壶，蜻蜓点水，一圈茶碗，碗里鲜水倒得冒尖，却无半点溅出碗外。这种冲泡盖碗茶的绝招，往往使人又惊又喜，成为一种美的艺术享受。

在茶楼中，盖碗茶还具有"说话"的功能。例如，茶客示意堂倌掺水，无须吆喝，茶盖揭起摆放一边，堂倌就会来续上水；茶客暂时要离开茶馆，但又想保留座位，便在茶盖上放一个信物，或把茶盖反搁在茶碗上，大家便心知肚明，绝不会来抢座位；茶客喝够不喝了，茶盖朝天沉入茶碗，堂倌会意拣碗抹桌子；茶客今天喝茶对茶馆极不满意，茶盖、茶碗、茶托拆散一字摆开，不只堂倌，连老板都要立马上前询问原因道歉。

除了盖碗茶本身有趣，成都的茶楼也别具特色。茶楼的座椅多是高档藤木，并不像过去的茶铺坐的都是竹椅和木凳，那些座椅看起来虽然平实，却没有档次，而现代的新茶楼正好满足了人们的这种心理。

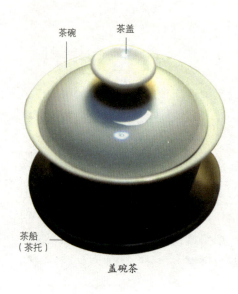

茶碗　茶盖

茶船
（茶托）

盖碗茶

所以，高档文化茶楼颇受一些人士的追捧。除此之外，高档茶楼和低消费茶馆相处得很融洽，让来到成都的外地游客能亲切地感受到这个城市的两种特质。在茶馆内，所有人都可以自然而平等地享受着生活，享受着这个城市带给他们的舒适和安逸。

提起安逸闲适，成都盖碗茶倒是有着这样几个故事：相传，李白年轻时云游天下，他从四川出发，途中经过成都时，住在青莲街的几个月间，天天在"青莲茶馆"喝盖碗茶，并对其赞赏有加。

除了李白，杜甫也与盖碗茶结下了不解之缘。据传，杜甫初来成都之时，极尽穷愁潦倒，后经过友人的帮助，喝了几碗盖碗茶，忽然神清气爽起来。在接下来的日子中，生活得优哉游哉。先不论这两个故事是否属实，单就成都盖碗茶来说，其特点就离不开闲适从容、轻松自如这些字眼。

时至今日，盖碗茶俨然成了成都市的"正宗川味"特产。在那里生活的人，清晨早起清肺润喉一碗茶，酒后饭余除腻消食一碗茶，劳心劳力解乏提神一碗茶，亲朋好友聚会聊天一碗茶，邻里纠纷消释前嫌一碗茶——这已经成为古往今来成都城乡人民的传统习俗。而越来越多来自外地与国外的游客，也融入盖碗茶的魅力之中，在幽香宁静中体会那种闲适从容、智慧幽默的艺术美感。

潮汕工夫茶

中国功夫在世界上享有很大声誉，而中国的茶艺中也有一套工夫茶艺。所谓工夫茶，并非一种茶叶或茶类的名字，而是一种泡茶的技法。之所以叫工夫茶，是因为这种泡茶的方式极为讲究，操作起来需要一定的工夫。

工夫茶起源于宋代，在广东的潮州府（今潮汕地区）及福建的漳州、泉州一带最为盛行，是唐、宋以来品茶艺术的承袭和深入发展。工夫茶以浓度高著称，初喝时可能会觉得味道很苦，而一旦人们习惯后就会嫌其他茶滋味不够了。工夫茶采用的是乌龙茶，例如铁观音、凤凰和水仙茶。它们介乎红、绿茶之间，为半发酵茶，只有这类茶才能冲出工夫茶所要求的色香味。

冲泡工夫茶的器具有宜兴紫砂壶、茶杯、水壶、潮汕烘炉（电炉或酒精炉）、赏茶盘、茶船、茶匙等，而茶以安溪铁观音、武夷岩茶为佳。

品工夫茶是广东潮汕地区独特的饮茶习惯，去过潮汕的人，往往都会去领略当地工夫茶的美味。据茶学家介绍，工夫茶无论从选茶、泡茶到茶具配备，都必须下一番功夫。潮汕工夫茶对茶具、茶叶、水质、沏茶、斟茶、饮茶都十分讲究。工夫茶茶壶很小，只有拳头那么大，薄胎瓷，半透明，隐约能见壶内茶叶。杯子只有半个乒乓球大小。放茶叶要把壶里塞满，并用手指压实，因为压得越实茶越醇。冲泡工夫茶的水也有讲究，最好是经过沉淀的。沏茶时将刚烧沸的水马上灌进壶里，出于卫生的考虑，前两次要倒掉。斟茶时，几个茶杯放在一起，要轮流不停地来回斟，不能斟满了这杯再斟那杯，以免出现前浓后淡的情况。

品工夫茶是潮汕地区很出名的风俗之一，饮茶时是用舌头舔着慢慢地品，一边品着茶一边谈天说地。工夫茶茶汁浓，碱性大，初饮时，会微感苦涩，但饮到后来，会越饮越觉苦香甜润，使人神清气爽，特别是大宴后解油腻最好。在潮汕本地，家家户户都有工夫茶具，每天必定要喝上几轮。即使是侨居外地或移民海外的潮汕人，也仍然保存着品工夫茶这个风俗。可以说，有潮汕人的地方，便有工夫茶的影子。

潮汕工夫茶，是融精神、礼仪、沏泡技艺、巡茶艺术、评品质量为一体的完整的茶道形式。它就像大碗茶一样，有着自己的文化传承。虽然操作手法有些烦琐，但它来自民间，同样表达一种平等、互相尊重的精神，为我国的茶饮风情涂上重重的一笔。

潮汕工夫茶投茶时要注意先细茶再粗茶最后是茶梗的投茶顺序，投茶量因人、因茶、因壶而异，宜多不宜少，方可品出其香浓味正

茶社

昆明九道茶

昆明九道茶是云南昆明一带的一种饮茶方式，也被人们称为迎客茶。中国茶道自陆羽《茶经》始，便主张边饮茶边讲茶事，看茶画，而昆明九道茶继承了这个优良传统。肃客入室，九道茶便开始了。

泡九道茶一般以普洱茶最为常见，因饮茶有九道程序，故名"九道茶"，它的九道程序分别为评茶、净具、投茶、冲泡、沦茶、匀茶、斟茶、敬茶、品茶。详细步骤如下：

1. 评茶

首先将普洱茶放在小盘中，请宾客观其形、察其色、闻其香，并对大家简单介绍普洱茶的特色，增加宾客的品茶乐趣。

2. 净具

九道茶最好选用紫砂茶具，茶壶、茶杯、茶盘最好配套。冲洗茶具的时候最好选择开水，这样不但可以清洁茶具，还可以提高茶具的温度，有利于让茶汁浸出。

3. 投茶

投茶就是将茶叶投入壶中，这个过程一般看壶的大小而决定，按1克茶泡50—60毫升开水的比例将茶叶投入壶中，等待冲泡。

4. 冲泡

应取用滚烫的开水，要注意这个过程一定要迅速，冲入的水让茶壶保持三分至四分满。

5. 沦茶

冲泡之后，需要立即加上盖子，稍稍摇动，再静置5分钟左右，使茶中可溶物溶解于水。

6. 匀茶

打开盖子，再向壶内冲入开水，直到茶汤浓淡相宜为止。

7. 斟茶

将壶中的茶汤，分别斟入紧密排列的茶杯中，大概倒八分满。斟茶的顺序从一面到另一面，来回斟茶，使各个茶杯中的茶汤浓淡一致。

8. 敬茶

由主人手捧茶盘，按长幼辈分，根据一定的礼节依次敬茶示礼。

9. 品茶

宾客在品茶的过程中，一般是先闻茶香清心，随后将茶汤慢慢送入口中，细细品味，感受茶的独特韵味，以享饮茶之乐。

茶过几巡，热情好客的昆明人总会讲一些有关茶的故事与传说，以及云南的湖光山色、秀美风景，让每个来到昆明的游客都无比惬意。历史悠久的昆明九道茶，将整个茶乡的美韵与主人的情谊尽显无遗。

吴江三道茶

云南大理白族的三道茶很有名气，而江苏吴江也有三道茶，主要流行于江苏吴江西南部震泽、桃源、七都等地农村。其品饮特点可归纳为"先甜后咸再淡"，别有一番风味。

三道茶的过程为先吃泡饭，再喝汤，最后饮茶，与我们一般的饮食过程很像。其三个步骤详细情况如下：

1. 头道茶

头道茶又叫锅糍茶，当地的方言叫它"待帝茶"。只听名字，就觉得这道茶所要招待的客人极其尊贵。当地人一般用它来招待贵客，或是招待第一次上门拜访的客人。

锅糍茶听起来是茶，其实却是糯米饭糍干茶。做饭糍干的时候，先要用铁铲铲些煮好的糯米饭，将它们放到锅底，用力研磨米饭直到成为一层薄薄的米粉皮子。接着，将这些米粉皮子均匀地贴在锅底四周，等到米粉皮子边缘翘开之后，把它们铲出来，就成了饭糍干。

饭糍干做起来极其复杂，不仅需要掌铲人具备一定的技术，而且需要另有专人在灶下烧火，还需要严格按照掌铲人的要求控制火候。这种活做起来很累人，即使在寒冬腊月，依然会累得满头大汗，所以才显示出此茶的礼重。

用开水冲泡饭糍干茶，给人的感觉就像泡饭一样，但口感却与米饭相差很多，软而不烂，香甜可口，在屋中放置久了还会满屋生香。

2. 熏豆茶

第二道茶是熏豆茶。熏豆茶中只包含少量的茶叶，多数是一种叫"茶里果"的佐料。它是一种混合佐料，一般包含熏豆、芝麻、卜子、橙皮和萝卜干五种。

熏豆，又名熏青豆，本地人也叫它"毛豆"。人们采摘优良品种的黄豆，经过

剥、煮、淘、烘等多种工序，接着放入干燥器中贮藏起来。这种熏豆具有馨香扑鼻、咸淡适宜的特点。

芝麻，就是我们常见的芝麻，一般选择那些颗粒饱满的白芝麻炒香即可。

卜子，是民间的叫法，它的学名是"紫苏"。紫苏经过炒制之后，味道芳香浓烈，可以顺气，起到消食和胃的作用。

橙皮，是产自太湖流域的酸橙之皮，往往由民间自制而成，也可以由蜜饯中的"九制陈皮"取代。人们将橙皮煮后，经过切割、腌制、晒干等多道工序加工而成。

萝卜干，将胡萝卜洗净之后切成丝状，用适量的盐生腌之后晒干即可；或是将胡萝卜煮熟后腌制并晒干。后一种方法制成的萝卜干比较适合牙齿不好的老年人食用。

茶里果正是由这五种原料按一定比例调配而成。除了以上五种原料，当地人还习惯根据自己的喜好和条件，在茶里果中加入青橄榄、咸桂花、腌姜片、笋干等佐料，放在储存罐中保存。但混合各种佐料一定有个前提，就是这些佐料不可是腥膻油腻之物，也不能使茶汤变得浑浊。

将茶里果投放到茶具之中后，再加入嫩绿的茶叶，用沸水冲泡，就可以品尝熏豆茶了。

3.清茶

最后一道是清茶，也就是普通的绿茶。当地人又称它为淡水茶，仅仅含有茶叶和白开水的意思。三道茶中，只有最后一道才是真正的茶。

吴江三道茶以其多色多味的特点，浓郁的乡土气息而名扬四海，不仅作为茶俗传承下来，还使中国的茶文化更有特色。

周庄阿婆茶

周庄是江苏和上海交界处的一个典型的江南水乡小镇，是中国历史文化名镇之一。当地有着悠久的历史及独特的风俗习惯，阿婆茶就是其中的特色茶俗。阿婆茶源自日常生活，婆婆、婶婶等妇女们聚集在一起，一边东聊西聊，一边做做针线活儿，渴了的时候喝口茶，然后接着其乐融融地聊生活中的琐碎小事。

俗话说"未吃阿婆茶，不算到周庄"。来到周庄，如果不去见识一下阿婆茶的魅力，那么自然少了许多旅行的乐趣。只有品饮过阿婆茶之后，人们才会真正地品味出这水乡古镇的独特韵味来。

近年来，阿婆茶在周庄的地位不仅丝毫没有削弱，而且更加盛行起来。当地很多茶馆茶楼都有阿婆茶出售，尤其是在中市街上的三毛茶楼，因台湾作家三毛来过周庄，留下了她许多的书信笔墨和动人故事，因而三毛茶楼的茶客源源不断。茶楼主人是一位乡土作家，与三毛有过书信往来，因而在三毛茶楼喝阿婆茶，真是有滋有味，别有一番情趣在其中。

阿婆茶十分重视水质与茶点。泡茶用的水一定要用河里提起来的活水，水壶往往是祖上传下来的铜吊。炉子是用烂泥稻草和稀后涂成的，叫风炉。用干菜箕柴炖茶，火烧得烈烈的，铜吊里嘶嘶地热气直冒，一边吃，一边炖，这样的茶才带着独特的风味。而茶点往往是村里的"传统货"——咸菜苋、酥豆、酱瓜……每年春天，田里的油菜开始抽蕊吐蕾时，每家每户便要去摘菜苋、腌菜苋了，往往一腌就是几大缸。有如此优质的水和精致淳朴的小菜，让各地游客对阿婆茶更加赞不绝口。

随着人们生活水平的不断提高，阿婆茶也在逐步变化着。泥风炉被各种新型灶具取代了；茶点中也增加了各种糖果、蜜饯等小吃；人们的谈论话题也发生了翻天覆地的变化，大家喝茶的时候，不再像过去一样只说些居家的琐事，现在往往会谈论社会、国家乃至世界的新闻趣事。不过即使形式变化再大，阿婆茶所特有的那种浓郁淳朴的风情也依旧不变，它给人们留下的永远是甜蜜温馨和其乐融融的气氛。

阿婆茶由邻里之间的消遣解闷，演变成现在的时尚文化交流，这样的改变引来了全国各地的无数游客，甚至连外国友人都会慕名前来。如果你有机会来到这个民风淳朴的小镇，不妨到茶楼中感受一下阿婆茶的魅力，领略一下水乡小镇的独特美感吧。

第二章

鉴茶不外行，
选茶有绝招

鉴茶篇

初识绿茶

绿茶品鉴

绿茶是指采取茶树新叶，未经发酵，经杀青、揉捻、干燥等典型工艺制成的茶叶。由于绿茶未经发酵，因此茶性新鲜自然，而且还最大限度地保留了茶叶中的有益成分。

绿茶在中国产量最大，位居六大初制茶之首，也是饮用最为广泛的一种茶。中国是世界主要的绿茶产地之一，其中以浙江、湖南、湖北、贵州等省份居多。名贵绿茶有西湖龙井、洞庭碧螺春、六安瓜片、信阳毛尖、千岛玉叶、南京雨花茶等。

绿茶的分类

*烘青绿茶

鲜叶经过杀青、揉捻而后烘干的绿茶称为"烘青绿茶"。烘青绿茶的条形完整，白毫显露，色泽多为绿润，冲泡后茶汤香气清新，滋味鲜醇，叶底嫩绿明亮。烘青绿茶根据原料的老嫩和制作工艺的不同，又可分为普通烘青与细嫩烘青两类。

*炒青绿茶

最终以炒干方式干燥制成的绿茶称为"炒青绿茶"。炒青绿茶是我国绿茶中的大宗产品，其中又有"长炒青""圆炒青""细嫩炒青"之别。

*晒青绿茶

新鲜茶叶经过杀青、揉捻后利用日光晒干的绿茶统称为"晒青绿茶"。晒青绿茶的产地主要有云南、四川、贵州、广西、湖北、陕西等地。主要品种如云南的"滇青"、陕西的"陕青"等。

*蒸青绿茶

以蒸汽杀青方式制成的绿茶统称为"蒸青绿茶"。蒸青绿茶是我国古代最早发明的一种茶类，它以蒸汽将茶鲜叶蒸软，而后揉捻、干燥而成。由于"色绿、汤绿、叶绿"的三绿特点，使得蒸青绿茶美观诱人。

营养成分

绿茶含有丰富的营养物质，其中包含叶绿素、维生素C、胡萝卜素、儿茶素等。

选购窍门

一观外形：以外形明亮，茶叶大小、粗细均匀的新茶为佳。

二看色泽：以颜色翠碧、油润的绿茶为好。

三闻香气：新茶一般都有新茶香。好的新茶，茶香格外明显。

四品茶味：汤色碧绿明澄，茶叶先苦涩后浓香甘醇者质优。

五捏干湿：新茶要耐贮存，必须足干。用手指捏一捏茶叶，若捏不成粉末状，说明茶叶已受潮，或含水量较高，不宜购买。

贮存方法

密封、干燥、低温、避光保存。

泡茶器具与水温

绿茶味道清淡，适合用瓷壶或瓷盖杯来冲泡，这样能使香味更容易挥发出来；适合冲泡的水温为 70—85℃。

> 绿茶在所有茶类中形状最多，且多呈细条状，茶形较美；绿茶是茶多酚氧化程度最轻的茶，冲泡后茶汤较多地保存了鲜茶叶的绿色主调，因此绿茶的茶汤色泽翠绿、黄绿明亮，香气鲜嫩、清雅，滋味鲜、嫩、爽。

绿茶茶艺展示——西湖龙井的泡茶步骤

① **备具**：准备好玻璃杯、茶叶罐、茶荷、茶则、水盂等。

② **温杯**：在玻璃杯中倒入适量开水，旋转使玻璃杯壁均匀受热，弃水不用（可倒入水盂中）。

③ **取茶**：将茶叶罐打开，用茶则从茶叶罐中取出适量茶叶放在茶荷中。

④**赏茶**：泡茶之前先请客人观赏干茶的茶形、色泽，还可以闻闻茶香。

⑤**投茶**：将少许茶叶轻缓拨入杯中。

⑥**冲泡**：玻璃杯中倒入 80 — 85℃的水至七分满。

⑦**观茶**：可以欣赏茶叶在水中慢慢漂落、浮沉的整个过程。

⑧**闻香**：品饮前，可闻香，西湖龙井香气清香优雅。

⑨**品茶**：西湖龙井滋味香郁味醇，令人回味无穷。

竹叶青

茶叶介绍

峨眉竹叶青是在总结峨眉山万年寺僧人长期种茶制茶的基础上发展而成的，于1964年由陈毅元帅命名，此后开始批量生产。四川峨眉山产茶历史悠久，宋代苏东坡题诗赞曰："我今贫病长苦饥，分无玉碗捧峨眉。"竹叶青茶采用的鲜叶十分细嫩，加工工艺十分精细。一般在清明前3—5天开采，标准为一芽一叶或一芽二叶初展，鲜叶嫩匀，大小一致。竹叶青茶扁平光滑色翠绿，是形质兼优的礼品茶。

选购要点

以外形扁平，条索紧直，肥厚带毫，两头尖细，形似竹叶；内质香气高鲜；茶汤黄绿明亮，香浓味爽；叶底嫩绿匀整者为佳。

贮藏提示

低温、干燥、避光、密闭存储。

冲泡品饮

茶汤 黄绿明亮

叶底 嫩绿匀整

营养功效

竹叶青茶中的咖啡因、肌醇、叶酸，能调节脂肪代谢。

茶叶特点

1. 外形：形似竹叶
2. 色泽：嫩绿油润
3. 汤色：黄绿明亮
4. 香气：高鲜馥郁
5. 叶底：嫩绿匀整
6. 滋味：香浓味爽

备具	冲泡	品茶
玻璃杯或盖碗1个，峨眉竹叶青茶3克。	冲入80℃左右的水至玻璃杯七分满即可。	3分钟后即可品饮。入口后鲜嫩醇爽，是解暑佳品。

黄山毛峰

茶叶介绍

黄山毛峰是中国历史名茶，也是中国十大名茶之一，1986年被外交部评为外事活动礼品茶。黄山毛峰属于徽茶，产于安徽黄山，由清代光绪年间谢裕泰茶庄所创制。由于新制茶叶白毫披身，芽尖如锋芒，且鲜叶采自黄山高峰，遂将该茶取名为黄山毛峰。每年清明谷雨，选摘初展肥壮嫩芽，经手工炒制而成。

选购要点

以外形微卷，状似雀舌，绿中泛黄，银毫显露，且带有金黄色鱼叶（俗称黄金片），入杯冲泡雾气结顶，汤色清碧微黄，叶底黄绿有活力，滋味醇甘者为佳。

贮藏提示

密封、干燥、低温、避光保存。

茶汤 清碧微黄

叶底 嫩匀成朵

营养功效

黄山毛峰茶中的茶多酚和鞣酸作用于细菌，能凝固细菌的蛋白质，将细菌杀死。

茶叶特点

1. 外形：状似雀舌
2. 色泽：绿中泛黄
3. 汤色：清碧微黄
4. 香气：馥郁如兰
5. 叶底：嫩匀成朵
6. 滋味：浓郁醇和

冲泡品饮

备具
玻璃杯1个，黄山毛峰茶6克。

冲泡
用茶匙将茶叶从茶荷中拨入玻璃杯中，冲入90℃左右的水至玻璃杯七分满即可。

品茶
只见茶叶徐徐伸展，汤色清碧微黄，香气如兰，叶底嫩匀成朵，入口后味道鲜浓醇和，回味甘甜。

洞庭碧螺春

🍃 茶叶介绍

　　碧螺春茶是中国十大名茶之一，属于绿茶。洞庭碧螺春产于江苏苏州洞庭山（今苏州市吴中区），所以又称"洞庭碧螺春"。据记载，碧螺春茶叶早在隋唐时期即颇负盛名，已有千余年历史。洞庭碧螺春条索紧结，卷曲似螺，边沿上有一层均匀的细白茸毛。"碧螺飞翠太湖美，新雨吟香云水闲"，喝一杯碧螺春，仿如品赏传说中的江南美女。

茶汤 碧绿清澈

叶底 嫩绿明亮

🍃 选购要点

　　以条索纤细，卷曲成螺，满身披毫，银白隐翠，清香淡雅，鲜醇甘厚，回味绵长，汤色碧绿清澈，叶底嫩绿明亮者为佳。

🍃 营养功效

　　碧螺春茶中的咖啡因和茶碱具有利尿作用，咖啡因能调节脂肪代谢。

🍃 贮藏提示

　　最好用铝箔袋密封，放于10℃冰箱里保存。

🍃 茶叶特点

1.外形：卷曲成螺
2.色泽：翠绿油润
3.汤色：碧绿清澈
4.香气：清香淡雅
5.叶底：嫩绿明亮
6.滋味：鲜醇甘厚

🍃 冲泡品饮

备具	冲泡	品茶
玻璃杯或盖碗1个，碧螺春茶4克。	用茶匙将茶叶从茶荷中拨入玻璃杯中，冲入80—85℃的水至玻璃杯七分满即可。	只见茶叶徐徐伸展，汤色碧绿清澈，清香甘淡，茶汤入口后鲜醇甘厚。

茶典、茶人与茶事

洞庭碧螺春传说

关于碧螺春茶名的由来，有一个动人的民间传说。古时候，在太湖的西洞庭山上住着一位勤劳、善良的孤女，名叫碧螺。碧螺生得美丽、聪慧，喜欢唱歌，且有一副圆润清亮的嗓子，她的歌声，如行云流水般优美清脆，山里的人都喜欢听她唱歌。而隔水相望的东洞庭山上，有一位青年渔民，名为阿祥。阿祥为人勇敢、正直，又乐于助人，吴县洞庭东、西山一带方圆数十里的人们都很敬佩他。碧螺姑娘那悠扬婉转的歌声，常常飘入正在太湖上打鱼的阿祥耳中，阿祥被碧螺优美的歌声打动，并产生了倾慕之情，但一直无缘相见。

在某年早春的一天，太湖里跃出一条恶龙，盘踞湖山，强迫人们在西洞庭山上为其立庙，且要每年选一名少女为其做"太湖夫人"。太湖人民不应其强暴所求，于是恶龙扬言要荡平西山，劫走碧螺。阿祥闻讯怒火中烧，义愤填膺，为保卫洞庭乡邻与碧螺的安全，维护太湖的平静生活，阿祥趁更深夜静之时潜游至西洞庭，手执利器与恶龙交战，连续大战七个昼夜，阿祥与恶龙俱负重伤，倒卧在洞庭之滨。乡邻们赶到湖畔，斩除了恶龙，并将已身负重伤，倒在血泊中的阿祥救回了村里。碧螺为了报答救命之恩，要求把阿祥抬到自己家里，亲自护理，为他疗伤。

一日，碧螺为寻觅草药，来到阿祥与恶龙交战的流血处，发现那里长出了一株小茶树，枝叶繁茂。为纪念阿祥大战恶龙的功绩，碧螺便将这株小茶树移植于洞庭山上并加以精心护理。清明刚过，那株茶树便吐出了鲜嫩的芽叶，而阿祥的身体却日渐衰弱，汤药不进。碧螺在万分焦虑之中，陡然想到山上那株以阿祥的鲜血育成的茶树，于是她跑上山去，以口衔茶芽，泡成了翠绿清香的茶汤，双手捧给阿祥饮尝，阿祥饮后，精神顿爽。碧螺从阿祥那苍白的脸上第一次看到了笑容，她的心里充满了喜悦和欣慰。当阿祥问及是从哪里采来的"仙茗"时，碧螺将实情告诉了阿祥。阿祥和碧螺的心里憧憬着未来的美好生活。碧螺每天清晨上山，将那饱含晶莹露珠的新茶芽以口衔回，揉搓焙干，泡成香茶，以救阿祥。阿祥的身体渐渐复原了，可是碧螺因天天衔茶，以至情相报阿祥，渐渐失去了元气，终憔悴而死。

阿祥万没想到，自己得救了，却失去了美丽善良的碧螺，悲痛欲绝，遂与众乡邻将碧螺葬于洞庭山上的茶树之下，为告慰碧螺的芳魂，于是就把这株奇异的茶树称为碧螺茶。

信阳毛尖

茶叶介绍

信阳毛尖，又称"豫毛峰"，是中国十大名茶之一，产于河南省信阳市。信阳毛尖素来以"细、圆、光、直、多白毫、香高、味浓、汤色绿"的独特风格而饮誉中外。

选购要点

选购时首先要看一下信阳毛尖的外形，无论档次高低，茶叶外形都要匀整，不含非茶叶夹杂物；茶叶要干，拿到手里要唰唰作响，这样的茶叶含水量低。

贮藏提示

密闭冷藏，置于干燥无异味处（以冰箱冷藏）为佳，且不可挤压。

营养功效

信阳毛尖含有丰富的蛋白质、氨基酸、生物碱、茶多酚、糖类、有机酸、芳香物质和维

茶汤 黄绿明亮

叶底 细嫩匀整

生素 A、维生素 B_1、维生素 B_2、维生素 B_3、维生素 C、维生素 K、维生素 P 等以及水溶性矿物质，具有生津解渴、清心明目、提神醒脑、去腻消食等功效。

茶叶特点

1. 外形：细秀匀直
2. 色泽：翠绿光润
3. 汤色：黄绿明亮
4. 香气：清香持久
5. 叶底：细嫩匀整
6. 滋味：鲜浓醇香

冲泡品饮

备具
玻璃杯或盖碗1个，信阳毛尖茶4克。

冲泡
将热水倒入玻璃杯中进行温杯，而后弃水不用，再冲入80℃左右的水至玻璃杯七分满即可。

品茶
片刻后即可品饮。入口后鲜浓醇香。

安吉白茶

茶叶介绍

安吉白茶，产于浙江省安吉县，用绿茶加工工艺制成，属绿茶，是一种珍稀的变异茶种，属于"低温敏感型"茶叶。其色白，是因为其加工原料采自一种嫩叶全为白色的茶树。茶树产"安吉白茶"的时间很短，通常仅一个月左右。正因为安吉白茶是在特定的白化期内采摘、加工和制作的，所以茶叶经冲泡后，其叶底也呈现玉白色。

茶汤 清澈明亮

叶底 嫩绿明亮

选购要点

以外形挺直略扁，色泽翠绿，白毫显露，清香高扬且持久，叶底嫩绿明亮，滋味鲜爽者为最佳品。要选择一芽二叶初展，干茶翠绿鲜活略带金黄色，香气清高鲜爽，外形细秀、匀整的优质安吉白茶。

安吉白茶色、香、味、形俱佳，在冲泡过程中必须掌握一定的技巧才能充分领略到安吉白茶形似凤羽，叶片玉白，茎脉翠绿，鲜爽甘醇的视觉和味觉享受。

贮藏提示

密封以后储存在冰箱，且不可挤压。

营养功效

安吉白茶具有抗菌、消炎和减少激素活动的作用，是治疗粉刺的上佳选择。

安吉白茶中的维生素C等成分，能降低眼睛晶体浑浊度，经常饮用，对减少眼疾、护眼明目均有积极的作用。

茶叶特点

1. 外形：挺直略扁
2. 色泽：翠绿
3. 汤色：清澈明亮
4. 香气：清香高扬
5. 叶底：嫩绿明亮
6. 滋味：鲜爽甘醇

◎ 冲泡品饮

备具 透明玻璃杯1个，安吉白茶4克。

▼

洗杯、投茶 将开水倒入玻璃杯中进行冲洗，弃水不用，将茶叶拨入玻璃杯中。

▼

冲泡 在杯中冲入85℃左右的水，七分满即可，冲泡2—3分钟。

▼

赏茶 冲泡后，茶叶玉白成朵，好似玉雪纷飞，叶底嫩绿明亮，芽叶朵朵可辨。

▼

出汤 片刻后即可品饮。

▼

品茶 小口品饮，茶味鲜爽，回味甘甜，口齿留香。

 茶典、茶人与茶事

安吉白茶的传说

传说，茶圣陆羽在写完《茶经》后，心中一直有一种说不出的感觉，虽已尝遍世上所有名茶，但总觉得还应该有更好的茶。于是他带了一个茶童携着茶具，四处游山玩水，寻仙访道，其实是为了寻找茶中极品。

一日，他来到湖州府辖区的一座山上，只见山顶上一片平地，一眼望不到边，山顶平地上长满了一种陆羽从未见过的茶树，这种茶树的叶子跟普通茶树一样，唯独要采摘的芽尖是白色的，晶莹如玉，非常好看。陆羽惊喜不已，立时命茶童采摘炒制，就地取溪水烧开冲泡了一杯，茶水清澈透明，清香扑鼻，令陆羽神清气爽。陆羽品了一口，仰天道："妙啊！我终于找到你了，我终于找到你了，此生不虚也！"话音未了，只见陆羽整个人轻飘飘地向天上飞去，竟然因茶得道，羽化成仙了……陆羽成仙后来到天庭，玉帝知陆羽是人间茶圣，那时天上只有玉液琼浆，不知何为茶，便命陆羽让众仙尝尝。陆羽拿出白茶献上，众仙一尝，齐声说道："妙哉！"玉帝大喜："妙哉！此乃仙品，不可留于人间。"遂命陆羽带天兵将此白茶移至天庭，陆羽不忍极品从此断绝人间，遂偷偷留下了一粒白茶籽，成为人间唯一的白茶王，直到20世纪70年代末才被发现，真是人间有幸啊！

六安瓜片

🌿 茶叶介绍

　　六安瓜片，是中国历史名茶，也是中国十大历史名茶之一，简称瓜片，具有悠久的历史底蕴和丰厚的文化内涵，唐称"庐州六安茶"，明始称"六安瓜片"，为上品、极品茶。清为朝廷贡茶。六安瓜片（又称片茶），为绿茶特种茶类，采自当地特有品种，是经扳片、剔去嫩芽及茶梗，通过独特的传统加工工艺制成的形似瓜子的片形茶叶。

茶汤 翠绿明亮

叶底 嫩绿明亮

🌿 选购要点

　　以叶缘向背面翻卷，呈瓜子形，翠绿有光，汤色翠绿明亮，清香高爽，味甘鲜醇，叶底嫩绿明亮者为佳。

🌿 贮藏提示

　　储藏时不可挤压，要密封、干燥、低温、避光保存。

🌿 营养功效

　　六安瓜片中的儿茶素对细菌有抑制作用，因此具有抗菌的功效。

　　六安瓜片含有氟、儿茶素，有抑制细菌作用，可以减少牙菌斑及牙周炎的发生。

🌿 茶叶特点

1. 外形：呈瓜子形	4. 香气：清香高爽
2. 色泽：翠绿有光	5. 叶底：嫩绿明亮
3. 汤色：翠绿明亮	6. 滋味：味甘鲜醇

🌿 冲泡品饮

备具	冲泡	品茶
盖碗1个，六安瓜片茶4克。	用茶匙将茶叶拨入盖碗中，冲入80℃左右的水至盖碗七分满。	片刻后即可品饮。入口后幽香扑鼻，滋味鲜醇。

南岳云雾茶

🍃 茶叶介绍

南岳云雾茶产于湖南省中部的南岳衡山。这里终年云雾缭绕，茶树生长茂盛。南岳云雾茶造型优美，香味浓郁甘醇，久享盛名，早在唐代，已被列为贡品。其形状独特，叶尖且长，状似剑，以开水泡之，尖朝上，叶瓣斜展如旗，颜色鲜绿，香气浓郁，纯而不淡，浓而不涩，经多次泡饮后，汤色仍然清澈，回味无穷。

茶汤 嫩绿明亮

叶底 清澈明亮

🍃 选购要点

以外形条索紧细，有浓郁的清香，叶底清澈明亮者为佳。

🍃 贮藏提示

密封、干燥储存于冰箱内，并远离异味，比如腌菜、咸鱼，以免破坏茶味。

对采下的鲜叶，必须及时集中，装入透气性好的竹筐或编织袋内，并防止挤压，尽快送入茶厂付制。

不同茶树品种的原料分开，晴天叶和雨天叶分开，正常叶和劣变叶分开，成年茶树叶和衰老茶树叶分开，上午采的叶和下午采的叶分开。这样做有利于提高茶叶品质。

🍃 营养功效

南岳云雾茶中的茶多酚有较强的收敛作用，对病原菌、病毒有明显的抑制和杀灭作用，对消炎止泻有明显效果。

🍃 茶叶特点

1.外形：条索紧细	4.香气：清香浓郁
2.色泽：绿润光泽	5.叶底：清澈明亮
3.汤色：嫩绿明亮	6.滋味：甘醇爽口

冲泡品饮

备具 玻璃杯或盖碗 1 个，南岳云雾茶 3 克。

▼

洗杯、投茶 将热水倒入玻璃杯中进行温杯，而后弃水不用，用茶匙将茶叶从茶荷中拨入玻璃杯中。

▼

冲泡 冲入 80℃左右的水至玻璃杯七分满即可。

▼

赏茶 只见茶叶徐徐伸展，汤色嫩绿明亮，清香浓郁，叶底清澈明亮。

▼

出汤 片刻后即可品饮。

▼

品茶 入口后甘醇爽口。

 茶典、茶人与茶事

虎跑泉

　　虎跑泉位于浙江省杭州市西南大慈山白鹤峰下慧禅寺的侧院中，距离市区大约 5 千米，被称为"天下第三泉"。

　　关于虎跑泉的名字，有一个传说。相传，唐代高僧寰中来到这里，看见这里风景优美秀丽，于是就居住了下来。但是这里没有水源，让他很苦恼。有一天夜里，他梦见神仙告诉他说："南岳有一个童子泉，会派遣二虎将其搬到这里来。"果然，第二天，有两只老虎跑（刨）地作穴，清澈的泉水即刻涌出，因此得名虎跑泉。

　　"龙井茶叶虎跑水"已经被誉为"西湖双绝"，甜美的虎跑泉水冲泡清香的龙井名茶，鲜爽清心，茶香宜人。宋代诗人苏轼曾赞美道："道人不惜阶前水，借与匏樽自在尝。"

日照绿茶

茶叶介绍

日照绿茶被誉为"中国绿茶新贵"，集汤色黄绿明亮、栗香浓郁、回味甘醇的优点于一身。日照绿茶具备了中国南方茶所不具备的北方特色，因地处北方，昼夜温差大，茶叶的生长十分缓慢，但香气高、滋味浓、叶片厚、耐冲泡，素称"北方第一茶"，属绿茶中的王者。

选购要点

日照绿茶按照产季不同分为春茶、夏茶、秋茶三种茶。其中春茶为极品，茶叶嫩小叶片厚，但口感清新香甜，在冲泡后小嫩芽逐渐张开，汤色青中带黄，即使隔夜茶色也能保持不变。夏茶与秋茶则叶芽较大，冲泡后逐渐变为黄铜色。

贮藏提示

正确而有效的贮藏方式包括炭贮法、石灰块保存法和冷藏法。

冲泡品饮

茶汤 黄绿明亮

叶底 均匀明亮

切忌贮藏在潮湿、高温、有氧气和异味的环境下。

营养功效

日照绿茶中富含茶多酚和脂多糖等成分，有利于电脑工作者抵御辐射。

茶叶特点

1. 外形：条索细紧	4. 香气：清高馥郁
2. 色泽：翠绿墨绿	5. 叶底：均匀明亮
3. 汤色：黄绿明亮	6. 滋味：味醇回甜

备具	冲泡	品茶
白瓷盖碗或玻璃杯1个，日照绿茶5克。	取茶入杯，倒入开水少许，来回摇动数次后过滤出来。冲入80℃左右的水。	约2分钟后，即可出汤。闻其香品其韵，日照绿茶的馥郁香气在舌尖上久久萦绕。

初识红茶

红茶品鉴

红茶的鼻祖在中国，世界上最早的红茶是由中国福建武夷山茶区的茶农发明，名为正山小种。红茶属于全发酵茶类，是以茶树的芽叶为原料，经过萎凋、揉捻（切）、发酵、干燥等典型工艺精制而成。因其干茶色泽和冲泡的茶汤以红色为主调，故名红茶。

红茶的分类

＊工夫红茶

工夫红茶是我国特有的红茶品种，也是我国传统出口商品，因制作工艺讲究、技术性强而得名。加工中特别强调，发酵时一定要等到绿叶变成铜红色才能烘干，而且要烘出香甜浓郁的味道才算是恰到好处。

＊小种红茶

小种红茶起源于 16 世纪，是福建省的特产。小种红茶的产生众说纷纭。因产地和品质不同，分为正山小种和外山小种。

营养功效

红茶富含胡萝卜素、维生素 A、钙、磷、镁、钾、咖啡因、异亮氨酸、亮氨酸、赖氨酸、谷氨酸、丙氨酸、天门冬氨酸等多种营养元素。

选购窍门

购买红茶时需注意保质期限，以免买到过期的红茶，最好买罐装红茶。

贮存方法

密封、干燥、低温、避光保存。

> 红茶干茶条索匀整或颗粒均匀；红茶茶汤汤色红亮；滋味浓厚鲜爽，甘醇厚甜，口感柔嫩滑顺；叶底整齐，呈褐色。

红茶茶艺展示——祁门工夫的泡茶步骤

①备具：盖碗、公道杯、品茗杯、茶叶罐、茶荷、茶则、茶巾等。

②温杯、温壶：将开水倒至盖碗中，再注至公道杯和品茗杯中。

③盛茶：用茶则将茶叶拨至茶荷中。

④赏茶：泡茶之前先请客人观赏干茶的茶形、色泽，还可以闻闻茶香。

⑤投茶：用茶则将祁门红茶拨入盖碗内。

⑥冲泡：向盖碗中倾入90—100℃的水，由外向内撇去浮沫，加盖静置2—3分钟。

⑦出汤：将茶汤斟入公道杯中。

⑧分茶：将公道杯中的茶汤一一分到各个品茗杯中。

⑨品茶：祁门红茶入口后，滋味醇厚。

正山小种

🍵 茶叶介绍

正山小种红茶，是世界红茶的鼻祖，又称拉普山小种，是中国生产的一种红茶，原产地在福建武夷山。茶叶用松针或松柴熏制而成，有着非常浓烈的香味。因为熏制的原因，茶叶呈黑色，但茶汤为深红色。正山小种红茶是最古老的一种红茶，后来在正山小种的基础上发展出工夫红茶。

🍵 选购要点

以外形紧结匀整，色泽铁青带褐，较油润，有天然花香，香不强烈，细而含蓄，滋味醇厚甘爽，喉韵明显，汤色橙黄清明，叶底肥软红亮者为佳。

🍵 贮藏提示

常温下密封、避光保存，存放1—2年后，茶味更加浓厚甘甜。

茶汤 橙黄清明

叶底 肥软红亮

🍵 营养功效

正山小种红茶是经过发酵烘制而成的，因而能够养胃。

🍵 茶叶特点

1. 外形：紧结匀整　　4. 色泽：铁青带褐

2. 汤色：橙黄清明　　5. 香气：细而含蓄

3. 叶底：肥软红亮　　6. 滋味：醇厚甘爽

冲泡品饮

备具 陶瓷茶壶1个，正山小种红茶3克。

▼

洗杯、投茶 将热水倒入茶壶中进行温杯，而后弃水不用，用茶匙将茶叶从茶荷中拨入茶壶中。

▼

冲泡 冲入95℃左右的水即可。

▼

赏茶 只见茶叶徐徐伸展，汤色橙黄清明，香气细而含蓄，叶底肥软红亮。

▼

出汤 片刻后即可品饮。

▼

品茶 入口后味醇厚甘爽。

茶典、茶人与茶事

正山小种的传说

　　明朝时，桐木是进入福建的咽喉要道。有一次，一支军队从江西进入福建过境桐木，占驻茶厂，茶农为躲避战争逃至山中。躲避期间，待制的茶叶因无法及时用炭火烘干，过度发酵产生了红变。随后，茶农为挽回损失，采取易燃松木加温烘干，形成既有松香味又有桂圆干味的茶叶品种，这就是历史上最早的红茶，又称"正山小种红茶"。

越红工夫

茶叶介绍

　　越红工夫是浙江省出产的工夫红茶，以条索紧结挺直、重实匀齐、锋苗显、净度高的优美外形著称。越红工夫的毫色呈银白或灰白。浦江一带所产红茶，茶索紧结壮实，香气较高，滋味亦较浓，镇海红茶较细嫩。总的来说，越红工夫条索虽美观，但叶张较薄，香味较次。

选购要点

　　以条索紧细挺直，色泽乌润，外形优美，内质香味纯正，汤色红亮较浅，叶底稍暗者为佳。

茶汤 红亮较浅

叶底 稍暗

茶叶特点

1. 外形：紧细挺直
2. 色泽：乌黑油润
3. 汤色：红亮较浅
4. 香气：香味纯正
5. 叶底：稍暗
6. 滋味：醇和浓爽

贮藏提示

　　密封、干燥、常温长期储存。

营养功效

　　越红工夫是全发酵茶，茶多酚在氧化酶的作用下发生酶促氧化反应，含量减少，对胃部的刺激性就随之减小了。红茶能够养胃，经常饮用加糖、加牛奶的红茶，可以消炎、保护胃黏膜。

冲泡品饮

备具	冲泡	品茶
盖碗1个，越红工夫茶3克。	将热水倒入盖碗中进行温杯，而后弃水不用，再冲入95℃左右的水冲泡即可。	片刻后即可品饮。入口后滋味浓爽，香气纯正，有淡香草味。

宜兴红茶

🍵 茶叶介绍

宜兴红茶，又称阳羡红茶，因其兴盛于江南一带，故享有"国山茶"的美誉。在品种上，人们了解较多的一般都是祁红以及滇红，再细分则有宜昌的宜红和小种红茶。在制作上则有手工茶和机制茶之分。宜兴红茶历史源远流长，唐朝时已誉满天下，尤其是有"茶仙"之称的卢仝也曾有诗句云"天子须尝阳羡茶，百草不敢先开花"，更是将宜兴红茶文化底蕴推向了极致。

茶汤 红艳鲜亮

叶底 鲜嫩红匀

🍵 选购要点

以外形紧细匀齐，色泽乌润显毫，闻上去清鲜纯正，隐显玉兰花香，冲泡后汤色红艳鲜亮，尝起来鲜爽醇甜者为佳。

🍵 贮藏提示

避开阳光、高温及有异味的物品。首选的储藏器具为铁器，因能保证其新鲜程度。无须冰箱冷藏。

🍵 营养功效

用红茶漱口能预防由病毒引起的感冒。红茶中的多酚类有抑制破坏骨细胞物质的活力。

🍵 茶叶特点

1.外形：紧细匀齐	4.香气：清鲜纯正
2.色泽：乌润显毫	5.叶底：鲜嫩红匀
3.汤色：红艳鲜亮	6.滋味：鲜爽醇甜

🍵 冲泡品饮

备具
紫砂壶1个，茶杯3个，宜兴红茶3克。

冲泡
将热水倒入壶中进行温杯，冲入95℃左右的水至七分满。将茶叶快速放进，加盖摇动。

品茶
倒入茶杯中，每次出汤都要倒尽，之后每次冲泡加5—10秒。入口后鲜爽醇甜。

信阳红茶

茶叶介绍

　　信阳红茶，是以信阳毛尖绿茶为原料，选取其一芽二叶、一芽三叶优质嫩芽为茶坯，经过萎凋、揉捻、发酵、干燥等九道工序加工而成的一种茶叶新品。信阳红茶属于新派红茶，其滋味醇厚甘爽，发酵工艺苛刻，原料选用严格，具有"品类新、口味新、工艺新、原料新"的特点，其保健功效也逐渐受到人们重视。

选购要点

　　以叶子呈现铜红色，外形紧细匀整，且伴有清新花果香的为佳品，其香味俗称为"蜜糖香"。

贮藏提示

　　要将茶叶贮藏在干燥、避光、低温、密封的环境下，且避免接触异味。

茶汤 红润透亮

叶底 嫩匀柔软

营养功效

　　茶叶中含有的咖啡因可使神经中枢兴奋，达到提神醒脑、提高注意力的作用。

茶叶特点

1.外形：紧细匀整
2.色泽：乌黑油润
3.汤色：红润透亮
4.香气：醇厚持久
5.叶底：嫩匀柔软
6.滋味：醇厚甘爽

冲泡品饮

备具
盖碗1个，茶杯1个，信阳红茶5克。

冲泡
将热水倒入盖碗进行温杯，而后弃水不用，冲入95℃左右的水至八分满即可。

品茶
将盖碗中茶汤倾倒而出，置于茶杯中。入口后醇厚甘爽。

遵义红茶

茶叶介绍

遵义红茶产于贵州省遵义市，此地属低纬度高海拔的亚热带季风湿润气候，土壤中含有锌等对人体有益的大量微量元素，是遵义红茶香高味浓的优良品质之源。由于红茶在加工过程中发生了以茶多酚促氧化为中心的化学反应，鲜叶中的化学成分发生了较大的变化，香气比鲜叶明显增加，所以红茶便具有了红茶、红叶、红汤和香甜味醇的特征。

选购要点

遵义红茶外形紧细，秀丽披毫，色泽褐黄；优质的遵义红茶香气纯正悠长。

贮藏提示

红茶制好后通过氧化，储藏期还会发酵，使茶汤更有滑感。一般应选择放置在干燥容器内密封，避光、避高温。

 茶汤 金黄清澈

 叶底呈金针状

营养功效

遵义红茶具有暖胃、抗感冒和抑菌的作用。

遵义红茶能够刮油解腻，促进消化，对于消化积食、清理肠胃有着十分明显的效果。

茶叶特点

1. 外形：紧实细长	4. 香气：鲜甜爽口
2. 色泽：金毫显露 ..	5. 叶底：呈金针状
3. 汤色：金黄清澈	6. 滋味：喉韵悠长

冲泡品饮

备具	冲泡	品茶
热水壶内倒入泉水加热，用初沸之水注入瓷壶以及杯中，为壶、杯升温。	将遵义红茶拨入壶中。高冲让茶叶在水的激荡下充分地浸润，以利于色、香、味的充分发挥。	缓啜一口遵义红茶，醇而不腻，爽滑润喉，回味隽永。

九曲红梅

🍃 茶叶介绍

九曲红梅简称"九曲红"，因其色红香清如红梅而得名，是杭州西湖区另一大传统拳头产品，是红茶中的珍品。九曲红梅茶产于西湖区双浦镇的湖埠、上堡、大岭、张余、下杨一带，尤以湖埠大坞山所产品质最佳。九曲红梅采摘标准要求一芽二叶初展；经杀青、发酵、烘焙而成，关键在于发酵、烘焙。

🍃 选购要点

以外形条索细若发丝，弯曲细紧如银钩，抓起来互相钩挂呈环状，披满金色的茸毛，色泽乌润，滋味浓郁，香气芬馥，汤色鲜亮，叶底红艳成朵者为佳。

🍃 贮藏提示

密封、干燥、常温长期储存，亦可低温储存。

茶汤 红艳明亮

叶底 红艳成朵

🍃 营养功效

夏天饮九曲红梅茶之所以能止渴消暑，是因为茶中的多酚类、糖类等与唾液产生化学反应，且刺激唾液分泌，导致口腔滋润，能产生清凉感。

🍃 茶叶特点

1. 外形：弯曲如钩
2. 色泽：乌黑油润
3. 汤色：红艳明亮

4. 香气：香气芬馥
5. 叶底：红艳成朵
6. 滋味：浓郁回甘

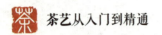

冲泡品饮

备具 盖碗1个，九曲红梅茶3克，其他的茶具或装饰茶具若干。

▼

洗杯、投茶 将热水倒入壶中进行温杯，弃水不用，用茶匙将茶叶从茶荷中拨入茶壶中。

▼

冲泡 冲入95℃左右的热水冲泡即可。

▼

赏茶 只见茶叶徐徐伸展，汤色鲜亮，香气芬馥，叶底红艳成朵。

▼

出汤 3分钟之后即可出汤品饮。

▼

品茶 入口后滋味浓郁。

 ## 茶典、茶人与茶事

九曲红梅茶的传说

相传，从前灵山脚下住着一对夫妻，家境贫寒，晚年意外得子，真像得了宝贝一样，给儿子取名阿龙。有一天，阿龙在溪边玩水，只见两只虾在水里争抢着一颗明亮的小珠子。他觉得新奇，就把珠子捞起来，含在嘴里，高兴地向家里跑去。路上一不小心，他把珠子吞进了肚子里。到家后，阿龙浑身发痒，要母亲给他洗澡。阿龙一进水盆，便变成了乌龙。这时，天昏地暗，雷电交加，风雨大作，乌龙张牙舞爪，腾空而起，飞出屋外，跃进溪里，穿山崖，破谷地，向远处游去。他的双亲在后面哭叫追赶，乌龙留恋双亲，也不忍离去，游一程，一回头，连游九程，九回头，这样，在乌龙停留过的地方便形成了一条九曲十八弯的溪道。传说中九曲十八弯的溪边非常适宜栽种茶树，在这里栽种的茶叶经炒制后形状也弯曲如龙，故红梅茶就称作九曲红梅茶。

峨眉山红茶

茶叶介绍

红茶是在绿茶的基础上以适宜的茶树新芽叶为原材料，经过萎凋、揉捻、发酵、干燥等过程精制而成。峨眉山红茶外形细紧，锋苗秀丽，棕褐油润，金毫显露，韵味悠长，极其珍罕。

选购要点

选购红茶时要留意茶叶的干度，看是否已经吸潮。

贮藏提示

密封储藏，避免阳光照射。

茶汤　红润油亮

叶底　红润明亮

营养功效

红茶具有温胃养胃作用，可去油腻，助消化。

茶叶特点

1. 外形：金毫显露
2. 色泽：棕褐油润
3. 汤色：红润油亮
4. 香气：甜香浓郁
5. 叶底：红润明亮
6. 滋味：甘甜爽滑

冲泡品饮

备具
紫砂壶、茶碗各1个，峨眉山红茶5克左右。

冲泡
用沸水冲入壶内，倒出，将茶叶浸泡在沸水中，茶水比例为1：50，冲泡3—5分钟。

品茶
峨眉山红茶入口后甘甜爽滑，口感甚佳。

滇红工夫

茶叶介绍

滇红工夫茶创制于 1939 年，产于滇西南，属大叶种类型的工夫茶，是中国工夫红茶的新葩，以外形肥硕紧实、金毫显露和香高味浓的品质独树一帜，著称于世。尤以茶叶的多酚类化合物、生物碱等成分含量，居中国茶叶之首。其品质具有季节性变化，一般春茶比夏茶、秋茶好。

选购要点

以条索紧直肥壮，苗锋秀丽完整，金毫多而显露，色泽乌黑油润者为佳。

茶汤 红艳明亮

叶底 红匀明亮

贮藏提示

密封、干燥、常温长期储存。

营养功效

滇红工夫茶中的多酚类化合物具有消炎的作用。

茶叶特点

1. 外形：条索肥壮
2. 色泽：乌黑油润
3. 汤色：红艳明亮
4. 香气：浓郁芬芳
5. 叶底：红匀明亮
6. 滋味：醇厚甘爽

冲泡品饮

备具
盖碗、茶匙、茶荷各 1 个，滇红工夫茶 3 克，茶杯若干。

冲泡
将热水倒入盖碗中温杯，而后弃水不用，将茶叶放入盖碗中，再冲入 100℃ 左右的水至七分满即可。

品茶
此茶色红浓透明，香气高醇持久，入口后浓厚鲜爽。

金骏眉

🍃 茶叶介绍

　　金骏眉是在正山小种红茶传统工艺基础上，采用创新工艺研发的高端红茶。金骏眉茶青为野生茶芽尖，摘于武夷山国家级自然保护区内海拔 1200 — 1800 米高山的原生态野茶树，6 万—8 万颗芽尖方制成 500 克金骏眉，是可遇不可求的茶中珍品。

🍃 选购要点

　　以条索紧结纤细，圆而挺直，有锋苗，身骨重，匀整，香气特别，干茶有清香，热汤香气清爽纯正，温汤熟香细腻，冷汤清和幽雅，清高持久者为佳。

🍃 贮藏提示

　　用铁罐或锡罐、瓷罐、玻璃瓶装好茶叶密封，条件充足者可存放于冰箱。

茶汤 金黄清澈

叶底呈金针状

🍃 营养功效

　　金骏眉中的咖啡因和芳香物质联合作用，能增加肾脏的血流量，扩张肾微血管，并抑制肾小管对水的再吸收，利于排尿。

🍃 茶叶特点

1. 外形：圆而挺直
2. 色泽：金黄油润
3. 汤色：金黄清澈

4. 香气：清香悠长
5. 叶底：呈金针状
6. 滋味：甘甜爽滑

冲泡品饮

备具　陶瓷茶壶1个，金骏眉红茶3克。

▼

洗杯、投茶　将热水倒入茶壶进行温杯，而后弃水不用，用茶匙将茶叶从茶荷中拨入茶壶中。

▼

冲泡　冲入95℃左右的水即可。

▼

赏茶　只见茶叶徐徐伸展，汤色金黄清澈，香气清高，叶底呈金针状。

▼

出汤　片刻后即可品饮。

▼

品茶　入口后甘甜爽滑。

特别提醒

　　金骏眉为纯手工红茶，一般不用洗茶，在冲泡前用少量温水进行温润后，再注水冲泡，口味更佳。

　　建议选用红茶专用杯组或者高脚透明玻璃杯，这样在冲泡时既可以享受金骏眉茶冲泡时清香飘逸的茶香，又可以欣赏金骏眉茶芽尖在水中舒展的优美姿态。

 ## 茶典、茶人与茶事

金骏眉的诞生

　　金骏眉是由正山小种红茶第24代传承人之一的江元勋先生负责研发的。首创于2005年，2006年基本定型并有少量上市，2007年又根据品鉴反馈意见进一步完善，2008年正式投放市场并迅速走红，成为高档红茶中的极品。

初识黄茶

黄茶品鉴

黄茶是轻度发酵茶，主要产地有安徽、湖南、四川、浙江等地，较有名的黄茶品种有莫干黄芽、霍山黄芽、君山银针、北港毛尖等。

黄茶的分类

黄茶按鲜叶的嫩度和芽叶的大小，分为黄大茶、黄小茶和黄芽茶三类。

黄大茶中著名的品种有安徽黄大茶、广东的大叶青茶等。黄小茶中著名的品种有湖南岳阳的北港毛尖、宁乡的沩山白毛尖，浙江的平阳黄汤，湖北的远安鹿苑。黄芽茶中著名的品种有湖南岳阳的君山银针、安徽霍山黄芽等。

营养成分

黄茶中富含茶多酚、氨基酸、可溶性糖、维生素等营养物质。

营养功效

祛除胃热：黄茶性微寒，适合胃热者饮用。黄茶是沤茶，在沤的过程中会产生大量的消化酶，对脾胃最有好处。

消炎杀菌：黄茶鲜叶中的天然物质保留有 85% 以上，这些物质对杀菌、消炎均有特殊效果。

选购窍门

优质黄茶外形较肥硕挺直，叶片整齐，茶芽之间有金黄发亮之感；冲泡出来的汤色嫩黄而清澈，没有浑浊之感；茶味香醇鲜美。

贮存方法

密封、干燥、常温长期储存。

黄茶的制作工艺与绿茶相似，只是多了一道"闷黄"的工序。黄茶的"闷黄"工序是经过湿热作用使茶叶内含成分发生了变化，因此形成了黄茶干茶色泽金黄或黄绿、嫩黄，汤色黄绿明亮，叶底嫩黄匀齐，滋味鲜醇、甘爽、醇厚的特点。

黄茶茶艺展示——霍山黄芽的泡茶步骤

①**备具**：茶叶罐、玻璃杯、茶则、茶荷、茶巾、水盂等。

②**温杯**：温杯后，用茶巾轻轻擦去杯底的水渍，将水倒入其中。

③**取茶**：用茶则将茶叶拨至茶荷中供赏茶。

④**投茶**：用茶则将茶叶拨入玻璃杯内。

⑤**温茶**：冲入适量开水，旋转玻璃杯，温润茶叶使其均匀受热。

⑥**冲泡**：冲水至七分满，静置1—2分钟。

⑦**奉茶**：冲泡完毕后，要向客人奉茶。

⑧**闻香**：饮用之前，先闻茶香。

⑨**品茶**：闻香完毕后，便可品尝霍山黄芽的滋味了。

莫干黄芽

茶叶介绍

　　莫干黄芽，又名横岭1号，产于浙江省德清县的莫干山，为浙江省第一批省级名茶之一。这里常年云雾笼罩，空气湿润；土质多酸性灰、黄壤，腐殖质丰富，为茶叶的生长提供了优越的环境。莫干黄芽条紧纤秀，细似莲心，含嫩黄白毫芽尖，故名。此茶属莫干云雾茶的上品，其品质特点是"黄叶黄汤"，这种黄色是制茶过程中进行闷堆渥黄的结果。

茶汤橙黄明亮

叶底细嫩成朵

选购要点

　　从外形上看，品质优的莫干黄芽干茶芽叶肥壮显毫，细如雀舌，色泽油润、黄嫩。

贮藏提示

　　密封、干燥、常温长期储存。可用干燥箱贮存或茶叶罐存放。

营养功效

　　黄茶性微寒，适合胃热者饮用。莫干黄芽中的消化酶，有助于缓解消化不良。

茶叶特点

1. 外形：细如雀舌
2. 色泽：黄嫩油润
3. 汤色：橙黄明亮
4. 香气：清鲜幽雅
5. 叶底：细嫩成朵
6. 滋味：鲜美醇爽

冲泡品饮

备具
白瓷盖碗一个，莫干黄芽茶3克，其他茶具或装饰茶具若干。

冲泡
将热水倒入盖碗进行温杯，而后弃水不用，将茶叶放入杯中，再冲入80℃左右的水冲泡即可。

品茶
汤色橙黄明亮，香气清鲜幽雅，入口后滋味醇爽。

北港毛尖

茶叶介绍

北港毛尖是条形黄茶的一种，在唐代就有记载，清代乾隆年间已有名气。北港茶园有着得天独厚的自然环境，茶区气候温和，雨量充沛，湖面蒸汽冉冉上升。北港毛尖鲜叶一般在清明后五六天开园采摘，要求一号毛尖原料为一芽一叶，二、三号毛尖为一芽二、三叶。1964年，北港毛尖被评为湖南省优质名茶。

选购要点

以外形芽壮叶肥，毫尖显露，呈金黄色，内质香气清高，汤色橙黄，滋味醇厚，叶底嫩黄似朵者为佳。

贮藏提示

将买回的茶叶，立即分成若干小包，装于茶叶罐或茶叶筒里，以纸罐较好，其他锡罐、马口铁罐等都可以。

茶汤 汤色橙黄

叶底 嫩黄似朵

营养功效

北港毛尖含有防辐射的有效成分，包括茶多酚类化合物、脂多糖、维生素等，能够达到抗辐射效果。

茶叶特点

1. 外形：芽壮叶肥
2. 色泽：呈金黄色
3. 汤色：汤色橙黄
4. 香气：清高
5. 叶底：嫩黄似朵
6. 滋味：甘甜醇厚

冲泡品饮

备具	冲泡	品茶
玻璃杯1个，北港毛尖茶5克。	用茶匙将茶叶从茶荷中拨入玻璃杯中，而后冲入85℃左右的水冲泡即可。	汤色橙黄，香气清高，叶底嫩黄似朵，入口后滋味甘甜醇厚。

沩山白毛尖

🍃 茶叶介绍

沩山白毛尖产于湖南宁乡，历史悠久，传说唐时就已流行。1941年《宁乡县志》载："沩山茶，雨前采摘，香嫩清醇，不让武夷、龙井。商品销甘肃、新疆等省，久获厚利，密印寺院内数株味尤佳。"沩山白毛尖制作分杀青、闷黄、轻揉、烘焙、拣剔、熏烟六道工序。烟气为一般茶叶所忌，更不必说名优茶。而悦鼻的烟香，却是沩山白毛尖品质的特点。

茶汤橙黄明亮

叶底黄亮嫩匀

🍃 选购要点

以外形叶缘微卷成块状，色泽黄亮油润，白毫显露，汤色橙黄明亮，松烟香芬芳浓厚，滋味醇甜爽口，叶底黄亮嫩匀者为佳。

🍃 营养功效

此茶含氟量较高，可护齿明目。

🍃 贮藏提示

密封、干燥、常温长期储存。在罐内底部放置双层棉纸，罐口放置二层棉布然后压上盖子。

🍃 茶叶特点

1. 外形：叶缘微卷
2. 色泽：黄亮油润
3. 汤色：橙黄明亮
4. 香气：芬芳浓厚
5. 叶底：黄亮嫩匀
6. 滋味：醇甜爽口

🍃 冲泡品饮

备具
茶壶1个，沩山白毛尖茶3克。

冲泡
用茶匙将茶叶从茶荷中拨入茶壶中，倒入开水冲泡。

品茶
冲泡后茶香芬芳，入口后醇甜爽口，令人回味无穷。

霍山黄芽

🍵 茶叶介绍

霍山黄芽主要产于安徽省霍山县，源于唐朝之前。霍山黄芽为不发酵自然茶，保留了鲜叶中的天然物质，富含氨基酸、茶多酚、维生素、脂肪酸等多种有益成分。

🍵 选购要点

以外形条直微展、匀齐成朵、形似雀舌、嫩绿披毫，叶底嫩黄明亮者为佳。

茶汤 黄绿清澈

叶底 嫩黄明亮

🍵 贮藏提示

密封、干燥、常温长期储存。

🍵 营养功效

常饮此茶可以增加人体中的白细胞和淋巴细胞的数量和活性，以及促进脾脏细胞中白细胞介素的形成，从而增强人体免疫力。

🍵 茶叶特点

1. 外形：形似雀舌
2. 色泽：嫩绿披毫
3. 汤色：黄绿清澈
4. 香气：清香持久
5. 叶底：嫩黄明亮
6. 滋味：鲜醇浓厚

🍵 冲泡品饮

备具	冲泡	品茶
玻璃杯1个，霍山黄芽茶4克。	将茶叶拨入玻璃杯中，冲入80℃左右的水冲泡即可。	只见茶叶徐徐伸展，汤色黄绿清澈，香气清香持久，叶底嫩黄明亮，片刻后即可品饮。

茶典、茶人与茶事

霍山黄芽的传说

唐太宗的御妹玉真公主李翠莲出生在帝王之家，自幼淡泊名利，敬佛修善，经常出没于京城大小寺庙之中。虽贵为公主，但千经万典，无所不通；佛号仙音，无般不会。在唐太宗为玄奘法师西域取经饯行的法会上，李翠莲巧遇一位霍山南岳庙的游方高僧。高僧见李翠莲面相慈悲，便对李翠莲说道："公主出身豪门，心怀慈悲，幼时即结佛缘，甚是难得，如能在东南方出家修行，他日必成正果。"李翠莲听了高僧一席话后，更坚定了她出家修行的决心。于是，在一个秋日高照的日子，她悄然离开京城，千里迢迢地来到霍山，在霍山县令和南岳高僧的帮助下，到了挂龙尖上的一座庵庙削发为尼，当上了住持。

李翠莲在京城时虽不食荤，却酷爱饮茶。霍山是著名的黄芽茶之乡，李翠莲在诵经弘法之余，带领众尼随当地茶农一起采茶制茶，乐此不疲。李翠莲在采茶制茶之初，遍访当地茶农，虚心请教采制茶的经验。晚上，李翠莲在灯下细心研读陆羽的《茶经》。几年后，李翠莲终于悟出茶叶制作的精髓，总结了一套完整的采茶制茶方法和加工工艺。她制作的茶叶具有一种独特的清香之气，得到当地茶农的赞赏，他们经常向她请教制茶中遇到的疑难问题。一天，一位农妇捧着一包自制的生茶，请李翠莲品尝指导。李翠莲品尝之后甚是惊讶。此茶虽然制作粗糙，但茶质甚好。她急问农妇此茶产于何处。农妇答道，此茶产于抱儿峰（今安徽省霍山县太阳乡金竹坪附近）。

李翠莲听后，感叹不已。从此以后，每到春季谷雨前，她就带领众尼跋山涉水，到抱儿峰一带采摘茶叶。采摘后她用独特的制作工艺，精心烘制。此茶经诸多茶农茶商品尝后，被称为黄茶之冠，乃茶中极品。

后送与唐太宗李世民品尝，唐太宗当即降旨，将此茶纳为朝廷贡茶，岁贡300斤。唐太宗为霍山黄芽茶赐名并亲笔题写"抱儿钟秀"茶名，一时在民间传为佳话。

97

广东大叶青

茶叶介绍

　　大叶青是广东的特产，是黄大茶的代表品种之一。制法是先萎凋后杀青，再揉捻闷堆，这与其他黄茶不同。杀青前的萎凋和揉捻后闷黄的主要目的是消除青气涩味，促进香味醇和。大叶青以云南大叶种茶树的鲜叶为原料，采摘标准为一芽二、三叶。大叶青制作过程包括萎凋、杀青、揉捻、闷黄、干燥五道工序。

选购要点

　　以外形条索肥壮、紧结重实，老嫩均匀，叶张完整、显毫，色泽青润显黄，香气纯正浓郁，滋味浓醇回甘，汤色橙黄明亮，叶底淡黄者为佳。

贮藏提示

　　密封、干燥、常温长期储存。要避免光线直射茶叶，以防止茶叶变软。

茶汤 橙黄明亮

叶底 淡黄

营养功效

　　常饮大叶青可以增加人体中白细胞和淋巴细胞的数量，促进脾脏细胞中白细胞介素的形成，从而增强人体免疫力。

茶叶特点

1. 外形：条索肥壮
2. 色泽：青润显黄
3. 汤色：橙黄明亮
4. 香气：纯正浓郁
5. 叶底：淡黄
6. 滋味：浓醇回甘

冲泡品饮

备具	冲泡	品茶
透明玻璃杯1个，茶匙1个，大叶青茶3克。	用茶匙将茶叶拨入玻璃杯中，再冲入85℃左右的水冲泡即可。	只见茶叶徐徐伸展，汤色橙黄明亮，香气纯正浓郁。3分钟后即可品饮，入口后浓醇回甘。

蒙顶黄芽

茶叶介绍

蒙顶黄芽为黄茶中极品。20世纪50年代，蒙顶茶以黄芽为主，近年来多产甘露，黄芽仍有生产。采摘于春分时节，茶树上有10%的芽头鳞片展开，即可开园采摘。选圆肥单芽和一芽一叶初展的芽头，经复杂制作工艺，使成茶芽条匀整，扁平挺直，色泽黄润，金毫显露；汤色黄中透碧，甜香鲜嫩，甘醇鲜爽。

选购要点

以外形扁平挺直，色泽微黄，芽毫毕露，甘甜浓郁，汤色黄中透碧，滋味鲜醇回甘，叶底全芽嫩黄匀齐者为佳。

贮藏提示

密封、干燥、常温长期储存。可用有双层盖子的罐子储存，以纸罐较好，锡罐、马口铁罐等也可以。罐内须先放一层棉纸，再盖紧盖子。

茶汤 黄中透碧

叶底 全芽嫩黄

营养功效

蒙顶黄芽茶叶含氟量较高，常饮此茶对护牙坚齿、防龋齿等有明显作用。

茶叶特点

1. 外形：扁平挺直
2. 色泽：微黄
3. 汤色：黄中透碧
4. 香气：甜香鲜嫩
5. 叶底：全芽嫩黄
6. 滋味：鲜醇回甘

冲泡品饮

备具
透明玻璃杯1个，茶匙1个，蒙顶黄芽茶3克。

冲泡
用茶匙将茶叶拨入玻璃杯中，冲入85℃左右的水冲泡即可。

品茶
汤色黄中透碧，香气甜香鲜嫩，叶底全芽嫩黄，片刻后即可品饮。

初识白茶

白茶品鉴

白茶因没有揉捻工序，所以茶汤冲泡的速度比其他茶类要慢一些，因此白茶的冲泡时间比较长。白茶的色泽灰绿、银毫披身、银白，汤色黄绿清澈，滋味清醇甘爽。夏天适合喝白茶，因为白茶性寒味甘，具有清热、降暑、祛火的功效。

白茶的分类

白茶分为白叶茶和白芽茶两种。

营养成分

白茶中富含茶多酚、氨基酸、可溶性糖、活性酶、维生素等营养物质。

营养功效

促进血糖平衡：白茶含有人体所必需的活性酶，长期饮用白茶可以显著提高体内酯酶活性，促进脂肪分解代谢，有效控制胰岛素分泌量，分解体内血液多余的糖分，促进血糖平衡。

保肝护肝：白茶片富含的二氢杨梅素等黄酮类天然物质，可以保护肝脏，加速乙醇代谢产物乙醛迅速分解，变成无毒物质，降低对肝细胞的损害。

选购窍门

以外形条索粗松带卷，色泽褐绿为上，无芽，色棕褐为次；汤色橙黄明亮或浅杏黄色为好，红、暗、浊为劣；香气以毫香浓郁、清鲜纯正为上，淡薄、生青气为差。

贮存方法

将茶叶用袋子或者茶叶罐密封好，放在冰箱内储藏，温度最好为5℃。

白茶茶艺展示——白毫银针的泡茶步骤

①**备具**：盖碗、公道杯、品茗杯、茶叶罐、茶荷、茶匙等。

②**温杯**：将热水冲入盖碗中，并用温盖碗的水依次温公道杯、品茗杯。

③**取茶**：取茶3克左右，用茶则将茶叶轻轻拨入茶荷中。

④**投茶**：用茶则将茶荷中的干茶轻轻拨入盖碗中。

⑤**冲泡**：将开水倒入盖碗中，静置1分钟左右。

⑥**出汤**：将茶汤倒入公道杯中使茶汤均匀。

⑦**奉茶**：将公道杯中的茶汤分于品茗杯中，向客人奉茶。

⑧**闻香**：饮用之前，要先闻白毫银针茶汤的香。

⑨**品茶**：闻香之后再品尝其滋味，入口后甘醇清鲜。

贡眉

茶汤 绿而清澈

叶底 嫩匀明亮

☕ 茶叶介绍

贡眉，也称作寿眉，产于福建省南平市建阳区。用茶芽叶制成的毛茶称为"小白"，以区别于福鼎大白茶、政和大白茶茶树芽叶制成的"大白"毛茶。茶芽曾用以制造白毫银针，其后改用大白制白毫银针和白牡丹，而小白则用以制造贡眉。一般以贡眉为上品，质量优于寿眉，近年则一般只称贡眉，而不再以寿眉的商品名出口。

☕ 选购要点

以紧圆略扁、匀整，形似扁眉，披毫，色泽翠绿，香高清鲜，滋味醇厚爽口，汤色绿而清澈，叶底嫩匀明亮者为佳。

☕ 营养功效

贡眉不仅能帮助人体抵抗辐射，还能减少电视及电脑辐射对人体的危害。

☕ 贮藏提示

将茶叶用袋子或者茶叶罐密封好，放在冰箱内储藏，温度最好为5℃。

☕ 茶叶特点

1. 外形：形似扁眉
2. 色泽：色泽翠绿
3. 汤色：绿而清澈
4. 香气：香高清鲜
5. 叶底：嫩匀明亮
6. 滋味：醇厚爽口

☕ 冲泡品饮

备具	冲泡	品茶
透明玻璃杯1个，贡眉茶3克，其他茶具或装饰茶具若干。	冲入90℃左右的水冲泡即可。	只见茶叶徐徐伸展，汤色绿而清澈，香气香高清鲜，叶底嫩匀明亮，片刻后即可品饮。

福鼎白茶

茶叶介绍

福建是白茶之乡，以福鼎白茶品质最佳、最优。福鼎白茶是通过采摘最优质的茶芽，再经过萎凋、干燥和烘焙等一系列精制工艺而制成的。福鼎白茶有一个特殊功效，即可以缓解部分人群因为饮用红酒引起的上火。因此，福鼎白茶也成了成功人士社交应酬的忠实伴侣。

选购要点

整体感觉黑褐暗淡；注意闻茶香，一般福鼎白茶都是幽香阵阵，香气清而纯正。

茶汤　杏黄清透

叶底　浅灰薄嫩

茶叶特点

1. 外形：分枝浓密
2. 色泽：叶色黄绿
3. 汤色：杏黄清透
4. 香气：清而纯正
5. 叶底：浅灰薄嫩
6. 滋味：回味甘甜

贮藏提示

适宜在低温下贮藏。

营养功效

白茶性凉，能够有效消暑解热，降火祛火。

冲泡品饮

备具	冲泡	品茶
准备200毫升透明玻璃杯1个，福鼎白茶5克。	在玻璃杯内倒入沸水，等候5分钟。	白茶每一口都让人有清新的口感，适合小口品饮，夏季可选择冰镇后饮用。

白毫银针

茶叶介绍

　　白毫银针，简称银针，又叫白毫，产于福建省福鼎、政和等地。由于鲜叶原料全部是茶芽，白毫银针制成成品茶后，形状似针，白毫密披，色白如银，因此命名为白毫银针。冲泡后，毫香浓郁，滋味甘醇清鲜，杯中的景观也令人情趣横生。茶在杯中冲泡，即出现白云凝光闪，满盏浮花乳，芽芽挺立，蔚为奇观。

选购要点

　　以茶芽肥壮，色泽鲜白，闪烁如银，条长挺直，如棱如针，汤色清澈晶亮，呈浅杏黄色，入口毫香显露，甘醇清鲜者为佳。

贮藏提示

　　将茶叶用袋子或者茶叶罐密封好，放在冰箱内储藏，温度最好为5℃。

茶汤 清澈晶亮

叶底肥嫩全芽

营养功效

　　白毫银针可防暑、解毒、治牙痛，尤其是陈年茶，其退热效果比抗生素更好。

茶叶特点

1. 外形：茶芽肥壮
2. 色泽：鲜白如银
3. 汤色：清澈晶亮

4. 香气：毫香浓郁
5. 叶底：肥嫩全芽
6. 滋味：甘醇清鲜

☘ 冲泡品饮

备具 透明玻璃杯1个，白毫银针茶3克，其他茶具或装饰茶具。

▼

洗杯、投茶 将热水倒入玻璃杯中进行温杯，而后弃水不用，用茶匙将茶叶从茶荷中拨入玻璃杯中。

▼

冲泡 冲入90℃左右的水冲泡即可。

▼

赏茶 只见茶叶徐徐伸展，汤色清澈晶亮，香气毫香浓郁，叶底肥嫩全芽。

▼

出汤 片刻后即可品饮。

▼

品茶 入口后甘醇清鲜。

 ## 茶典、茶人与茶事

白毫银针的传说

很早以前，政和一带干旱无雨，瘟疫四起，传说在洞宫山上的一口龙井旁有几株仙草，草汁能治百病。许多勇敢的小伙子纷纷去寻找仙草，但都有去无回。有一户人家，家中兄妹三人，分别为志刚、志诚和志玉。三人商定轮流去找仙草。

一天，志刚来到洞宫山下，这时走来一位老爷爷，老爷爷告诉他说仙草就在山上龙井旁，上山时只能向前不能回头，否则就采不到仙草。志刚一口气爬到半山腰，只见满山乱石，阴森恐怖。忽听一声大喝："你敢往上闯！"志刚一惊，回头一看，马上变成了乱石岗上的一块新石头。志诚接着去找仙草，但在爬到半山腰时因为回头也变成了一块巨石。

找仙草的重任落到了志玉的头上。她出发后，途中也碰见了那位老爷爷，他同样告诉她万万不能回头看，且送给她一块烤糍粑。志玉用糍粑塞住耳朵，果断不回头，终于爬上山顶，来到龙井旁。她采下仙草上的芽叶，并带回了村里。志玉用采来的芽叶熬成药汁，分给村民们喝，没几日就遏制了瘟疫，治好了生病的人。这种仙草即茶树，这就是白毫银针名茶的来历。

月光白

茶叶介绍

月光白，又名月光美人，它的形状奇异，一芽一叶，表面茸白，底面黝黑，叶芽显毫白亮，看上去犹如月光照在茶芽上，故此得名。月光白采用普洱古茶树的芽叶制作，是普洱茶中的特色茶，因其采摘手法独特，且制作的工艺流程秘而不宣，因此更增添了几分神秘色彩。

选购要点

用古树制作的月光白，以一芽一叶为主，夹杂黄叶较少，且持久耐泡（可泡20泡左右），稳定性强，品尝起来醇厚饱满，香醇温润，闻起来有强烈的花果香。

贮藏提示

贮藏在阴凉、透风的遮光处。最好贮存在专门贮存茶叶的冰箱中，温度设定在 -5℃以下。

茶汤 金黄透亮

叶底 红褐匀整

营养功效

茶叶中的醇酸能去除死皮，促使新细胞更快到达皮肤表层，防止皱纹产生。

茶叶特点

1.外形：茶茸纤纤	4.香气：馥郁缠绵
2.色泽：面白底黑	5.叶底：红褐匀整
3.汤色：金黄透亮	6.滋味：醇厚饱满

冲泡品饮

备具	冲泡	品茶
紫砂壶或盖碗1个，月光白茶3克，其他茶具或装饰茶具若干。	往壶中快速倒入90℃左右的水至七分满即可。	只见茶叶徐徐伸展，汤色金黄透亮，香气馥郁缠绵，叶底红褐匀整，入口醇厚饱满。

初识黑茶

黑茶品鉴

黑茶是后发酵茶，茶汤一般为深红、暗红或者亮红色，不同种类的黑茶有一定的差别。普洱生茶茶汤浅黄，普洱熟茶茶汤深红明亮。优质黑茶茶汤顺滑，入口后茶汤与口腔、喉咙接触不会有刺激、干涩的感觉。茶汤滋味醇厚，有回甘。

黑茶的分类

黑茶共分为湖南黑茶、四川藏茶、云南普洱茶、广西六堡茶等类。其中以湖南黑茶的历史文化最悠久，消费量最大。

营养成分

黑茶中含有丰富的营养物质，其中包括维生素、矿物质、蛋白质、氨基酸、糖类等。

营养功效

消食：黑茶中的咖啡因、维生素、氨基酸、磷脂等有助于人体消化，调节脂肪代谢。咖啡因的刺激作用更能提高胃液的分泌量，从而增进食欲，帮助消化。

降脂减肥：黑茶具有良好的降解脂肪、抗血凝、促纤维蛋白原溶解作用，能够显著抑制血小板聚集，达到降压、软化血管、预防心血管疾病的作用。

选购窍门

观外形：看干茶色泽、条索、含梗量，闻干茶香。黑茶新茶有发酵香，老茶有陈香；紧压茶砖面完整，模纹清晰，棱角分明，侧面无裂缝；散茶条索匀齐、油润则品质佳；茶汤色红亮如琥珀，茶味醇厚，陈茶润滑，有回甘。

贮存方法

黑茶需要保存在通风、干燥、无异味的环境中。

黑茶茶艺展示——普洱砖茶的泡茶步骤

①**备具**：茶壶、公道杯、品茗杯、茶罐、茶荷、茶则、杯垫等。

②**温杯**：将热水冲入茶壶中，并用温茶壶的水依次温公道杯、品茗杯。

③**取茶**：用茶则将茶罐中准备好的普洱砖茶拨入茶荷中。

④**赏茶**：此时可以向客人展示普洱茶。

⑤**投茶**：将普洱茶仔细拨入茶壶中。

⑥**洗茶**：将沸水冲入茶壶中泡茶，第一泡应迅速从杯中倒掉，避免茶味被过度洗走。

⑦**冲泡**：再次倒入沸水冲泡，冲泡后即可出汤。

⑧**出汤**：将茶汤倒入公道杯，匀好茶汤后，倒入品茗杯中。

⑨**品茶**：入口后滋味醇厚，回甘十分明显。

湖南千两茶

🍃 茶叶介绍

　　千两茶是传统工艺茶品，产于湖南安化。千两茶是安化的一种传统名茶，以每卷的茶叶净含量合老秤一千两而得名。因其外表的篾篓包装成花格状，故又名"花卷茶"。吸天地之灵气，收日月之精华，日晒夜露是千两茶品质形成的关键工艺，也因此该茶被权威的我国台湾茶书誉为"茶文化的经典，茶叶历史的浓缩，茶中的极品"。

茶汤 金黄明亮

叶底 黑褐嫩匀

🍃 选购要点

　　应挑选完整的茶胎，且通体乌黑有光泽，紧细密致。成饼时锯面应平整光滑无毛糙处，结实如铁。

🍃 营养功效

　　千两茶中的茶多糖能通过抗氧化作用和增强葡萄糖激酶的活性来有效降低血糖。

🍃 贮藏提示

　　放在通风、避光、干燥无异味处。

🍃 茶叶特点

1. 外形：呈圆柱形
2. 色泽：黄褐油亮
3. 汤色：金黄明亮
4. 香气：高香持久
5. 叶底：黑褐嫩匀
6. 滋味：甜润醇厚

🍃 冲泡品饮

备具	冲泡	品茶
紫砂壶、公道杯、品茗杯等各1个，千两茶5克左右。	用茶匙将茶叶从茶荷中拨入紫砂壶中，冲入100℃左右的沸水，冲泡2—3分钟。	香气纯正，带有松烟香，汤色金黄明亮。匀好茶汤后倒入品茗杯，入口滋味甜润醇厚。

普洱茶砖

茶叶介绍

普洱茶砖产于云南普洱，精选云南乔木型古茶树的鲜嫩芽叶为原料，以传统工艺制作而成。所有的砖茶都是经蒸压成型的，但成型方式有所不同。如黑砖、花砖、茯砖、青砖是机压成型；康砖茶则是用棍锤筑造成型。汽蒸沤堆是茯砖压制中特有的工序，同时它还有一个特殊的过程，即让黄霉菌在其上面生长，俗称"发金花"。

选购要点

选购普洱茶砖时，应注意外包装一定要尽量完整，无残损，茶香陈香浓郁，轻轻摇晃包装，以无散茶者为佳品。

贮藏提示

存放时应避免阳光直射，阴

茶汤 红浓清澈

叶底 肥软红褐

凉通风，远离气味浓厚的物品即可长期保存。

营养功效

普洱茶砖中含有许多生理活性成分，具有杀菌消毒的作用，因此能祛除口腔异味，保护牙齿。

茶叶特点

1. 外形：端正均匀
2. 色泽：黑褐油润
3. 汤色：红浓清澈
4. 香气：陈香浓郁
5. 叶底：肥软红褐
6. 滋味：醇厚浓香

🍵 冲泡品饮

备具 盖碗、茶荷、茶匙、品茗杯等各1个，普洱茶砖3克左右。

▼

洗杯、投茶 将热水倒入盖碗中进行温杯，而后弃水不用，用茶匙将茶叶从茶荷中拨入盖碗中。

▼

冲泡 水温90—100℃，冲泡时间约为1分钟。

▼

赏茶 普洱茶沏泡后，茶色红浓清澈。

▼

出汤 冲泡结束后，将茶汤从盖碗中倒入公道杯，充分均匀茶汤后，倒入品茗杯中。

▼

品茶 入口后滋味醇厚，回甘十分明显。

 茶典、茶人与茶事

茶砖的形成

　　普洱茶砖出现于清光绪年间，很多产茶地开始制作砖茶。由于从前茶农交给晋商的散装品，体积大，重量轻，运输不便，且需将茶叶装入竹篓，踩压结实后，再行载运，颇有耗损。为了适应茶商的要求，出现了砖茶。最早出现的茶砖，始自光绪初年，其压制法极为简单，一般都是人工压制。后来晋商们在砖茶的制作过程中逐渐采用了水压机和蒸汽机加工。这种砖茶制造方法简单有效，便于操作。

天尖茶

茶叶介绍

历史上湖南安化黑茶系列产品有"三尖"之说，即"天尖、生尖、贡尖"。天尖黑茶地位最高，茶等级也最高，明清时期就被定为皇家贡品，故名"天尖"，为众多湖南安化黑茶之首。天尖茶既可以泡饮，也可以煮饮；既适合清饮，也适合制作奶茶，特别适合在南方各茶馆煮泡壶茶，家庭煎泡冷饮茶。

茶汤橙黄明亮

叶底黄褐尚嫩

选购要点

以外形条索紧结，乌黑油润，汤色橙黄明亮者为佳品。

茶叶特点

1. 外形：条索紧结
2. 色泽：乌黑油润
3. 汤色：橙黄明亮
4. 香气：醇和带松烟香
5. 叶底：黄褐尚嫩
6. 滋味：醇厚爽口

贮藏提示

保持阴凉通风，防日晒。

营养功效

黑茶汤色的主要成分是茶黄素和茶红素，具有明显的抗菌作用。

冲泡品饮

备具	冲泡	品茶
陶壶或厚壁紫砂壶1个，公道杯1个，天尖茶3克左右。	用茶匙将茶叶从茶荷中拨入紫砂壶中，水温100℃左右，冲泡时间为1—2分钟。	茶水醇和带松烟香，色泽乌黑油润。入口后口感醇厚，不苦不涩，口齿生津。

下关沱茶

🍃 茶叶介绍

下关沱茶是一种圆锥窝头状的紧压普洱茶。"下关"是产地，"沱茶"是形状，由普洱市景谷县的"姑娘茶"演变而成。现代的沱茶形状如团如碗，以区别于饼茶和砖茶等形状的普洱茶。下关沱茶选用云南省30多个县出产的名茶为原料，经过人工揉制、机器压紧等数道工序精制而成。

🍃 选购要点

外形上，以芽毫显露、茶芽肥厚、紧压适中、墨绿色者为优。如果茶叶色泽过于杂沓、叶底过多碎末、茶汤出现异常红色则为质劣者。

🍃 贮藏提示

常温保存在通风干燥、无异味处。但需要注意的是，如果贮存环境过于干燥，还要在包装袋上戳几个小洞以利于转化，又不失茶气。

茶汤 红浓透亮

叶底 红褐均匀

🍃 营养功效

下关沱茶温和厚重，茶汤进入肠胃后自然形成的膜会附着在胃的内表层，对胃黏膜起保护作用。

🍃 茶叶特点

1. 外形：形如碗状
2. 色泽：乌润显毫
3. 汤色：红浓透亮
4. 香气：清纯馥郁
5. 叶底：红褐均匀
6. 滋味：纯爽回甘

🍃 冲泡品饮

备具
紫砂壶或盖碗1个，下关沱茶3克，其他茶具或装饰茶具若干。

冲泡
用茶匙将茶叶从茶荷中拨入紫砂壶中，倒入沸水，第一次去掉浮沫，第二次至七分满即可。

品茶
只见茶叶徐徐伸展，汤色红浓透亮，香气清纯馥郁，入口纯爽回甘，令人齿颊生香。

老班章寨古树茶

茶叶介绍

老班章寨古树茶专指用云南省西双版纳州勐海县布朗山乡老班章寨老班章茶区的古茶树大叶种乔木晒青毛茶压制的云南紧压茶，有"茶王"之称。此茶按产品形式可分为沱茶、砖茶、饼茶和散茶，按加工工艺可分为生茶和熟茶。老班章寨是云南少有的不使用化肥、农药等无机物，纯天然、无污染、原生态古树茶产地，其古树茶以质重、气强著称。

茶汤 清亮稠厚

叶底 柔韧显毫

选购要点

选购时应注意观察其干茶茶色及形状，优质的老班章寨古树茶条索粗壮、显毫，色泽墨绿油亮。

贮藏提示

只有存放在干燥、通风、常温的环境中才不会变质。

营养功效

普洱茶中含有许多生理活性成分，具有杀菌消毒的作用，因此能祛除口腔异味，保护牙齿。

茶叶特点

1. 外形：条索粗壮
2. 色泽：墨绿油亮
3. 汤色：清亮稠厚
4. 香气：厚重醇香
5. 叶底：柔韧显毫
6. 滋味：厚重醇甘

冲泡品饮

备具
盖碗、茶荷、茶匙、品茗杯等各1个，老班章寨古树茶3—4克。

冲泡
用茶匙将茶叶从茶荷中拨入盖碗中，水温90—100℃，冲泡时间为1—3分钟。

品茶
入口即能明显感觉到茶汤的劲度和力度，口感甘甜、鲜香。

六堡散茶

茶汤 红浓明亮

叶底呈铜褐色

🍃 茶叶介绍

　　六堡散茶已有200多年的历史，因原产于广西壮族自治区苍梧县六堡镇而得名。现在六堡散茶产区相对扩大，分布在浔江、郁江、贺江、柳江和红水河两岸，主产区是梧州地区。六堡茶素以"红、浓、陈、醇"四绝著称，品质优异，风味独特，尤其是在海外侨胞中享有较高的声誉，被视为养生保健的珍品。民间流传，六堡散茶有耐于久藏、越陈越香的特点。

🍃 选购要点

　　以外形条索长整，色泽黑褐光润，闻上去纯正醇厚，冲泡后的汤色红浓明亮，尝起来甘醇爽口者为佳品。

🍃 茶叶特点

1. 外形：条索长整
2. 色泽：黑褐光润
3. 汤色：红浓明亮
4. 香气：纯正醇厚
5. 叶底：呈铜褐色
6. 滋味：甘醇爽口

🍃 贮藏提示

　　储藏六堡散茶时需保持干燥、通风、避光的环境，常温保存。

🍃 营养功效

　　六堡散茶中含有其特有的氨基酸——茶氨酸。茶氨酸能通过活化多巴胺能神经元，起到抑制血压升高的作用。此外，六堡散茶的茶叶中含有的咖啡因和儿茶素类，能使血管壁松弛，增加血管的有效直径，通过血管舒张而使血压下降。

冲泡品饮

备具　盖碗、茶荷、茶匙、品茗杯等各1个，六堡散茶3—4克。

▼

洗杯、投茶　将热水倒入盖碗中进行温杯，而后弃水不用，用茶匙将茶叶从茶荷中拨入盖碗中。

▼

冲泡　水温90—100℃，冲泡时间为1—3分钟。

▼

赏茶　冲泡后，茶色红浓明亮。

▼

出汤　冲泡结束后，将茶汤从盖碗中倒入公道杯，充分均匀茶汤后，倒入品茗杯中。

▼

品茶　入口后香气纯正醇厚，有强烈的回甘，且滋味持久。

 茶典、茶人与茶事

六堡茶的历史

　　六堡茶是广西梧州最具有浓郁地方特色的名茶，是一种很古老的茶。据《桐君录》记载："南方有瓜芦木，亦似茗，至苦涩，取为屑茶饮，亦可通夜不眠。煮盐人但资此饮，而交、广最重，客来先设，乃加以香芼辈。"说明早在五六世纪时，两广地区的人们已有普遍饮茶的习惯。到了魏晋朝期间，茶叶已经开始被制饼烘干，并有紧压茶出现。

　　清朝，清廷见中国沿海地区非法贸易活动猖獗，便封闭了福建、浙江、江苏三处海关，只留广州一个口岸通商，于是"十三行"便独占中国对外贸易，六堡茶也随之名声大噪。

　　《苍梧县志》（清同治版本）则有"六堡味厚，隔宿不变"的评价。而茶中有"发金花"的，即生长有金色菌孢子的最受欢迎。因金花菌能够分泌出多种酶，促使茶叶内含物质朝特定的化学反应方向转化，形成具有良好滋味和气味的物质，保健功效良好。

117

初识乌龙茶

乌龙茶品鉴

乌龙茶是介于绿茶（不发酵茶）与红茶（全发酵茶）之间的半发酵茶，因发酵程度不同，不同的乌龙茶滋味和香气有所不同，但都具有浓郁花香、香气高长的显著特点。乌龙茶因产地和品种不同，茶汤或浅黄明亮，或橙黄、橙红。入口后香气高长，回味悠长，它既有红茶的浓鲜，又有绿茶的清香。

乌龙茶的分类

我国乌龙茶主要产于广东、福建和台湾地区。广东以凤凰水仙为代表，外形条索状。我国台湾以冻顶乌龙和包种茶为代表，外形呈球形和半球形。福建乌龙茶又分闽南乌龙和闽北乌龙。闽南乌龙以铁观音为代表，外形大多紧结，呈半球状；闽北乌龙以大红袍为代表，外形条索肥壮，色泽乌褐，发酵程度较高。

营养成分

乌龙茶中含有机化学成分达 450 多种，如茶多酚类、植物碱、蛋白质、氨基酸、维生素。无机矿物元素达 40 多种，如钾、钙、镁、钴、铁等。

营养功效

抗衰老：饮用乌龙茶可以使血液中维生素 C 的含量保持较高水平，尿液中维生素 C 排出量减少。

选购窍门

优质乌龙茶外形条索结实、肥厚卷曲；色泽油亮、砂绿、鲜亮；茶汤金黄清澈。

贮存方法

需放在干燥、避光、密封、不通风、没有异味的容器（如瓷罐、铁罐、竹盒、瓦坛子）中，加盖密封后置于冰箱内冷藏。

乌龙茶茶艺展示——安溪铁观音的泡茶步骤

①**备具**：准备好紫砂壶、公道杯、品茗杯、茶叶罐、茶荷、茶则等。

②**温具**：将热水冲入紫砂壶中，进行淋壶。用温壶的水温公道杯和品茗杯。

③**取茶**：用茶则将铁观音拨入茶荷中，然后再拨入紫砂壶中。

④**冲泡**：采用悬壶高冲法，用水的力量使茶在紫砂壶中翻滚。

⑤**淋壶**：冲泡后要进行淋壶以保持壶温。

⑥**出汤**：将茶汤从紫砂壶中倒入公道杯中，使茶汤均匀，然后将茶汤倒入各个品茗杯中。

⑦**斟茶**：将品茗杯置于杯垫上，先向客人奉茶。

⑧**闻香**：安溪铁观音香高持久。

⑨**品茶**：味道醇厚甘鲜。

水金龟

茶叶介绍

　　水金龟是武夷岩茶"四大名丛"之一，产于武夷山区牛栏坑社葛寨峰下的半崖上，因茶叶浓密且闪光模样宛如金色之龟而得名。水金龟属半发酵茶，有铁观音之甘醇，又有绿茶之清香，具有鲜活、甘醇、清雅与芳香等特色，是茶中珍品。每年5月中旬采摘，以二叶或三叶为主，色泽绿中透红，滋味甘甜，香气高扬。浓饮也不见苦涩，色泽墨绿润亮呈"宝光"。

茶汤 汤色金黄

叶底 软亮匀整

选购要点

　　以条索肥壮，自然松散，色泽墨绿油润呈"宝光"者为佳。

贮藏提示

　　用铝箔袋包装好存放在密封的铁盒或者木盒中，冷藏在冰箱内，避光、干燥。

营养功效

　　水金龟茶中含有的茶多酚具有很强的抗氧化性和生理活性，能阻断脂质过氧化反应。

茶叶特点

1. 外形：条索肥壮
2. 色泽：墨绿油润
3. 汤色：茶汤金黄
4. 香气：清细幽远
5. 叶底：软亮匀整
6. 滋味：甘醇浓厚

冲泡品饮

备具

盖碗、茶匙、茶荷、品茗杯各1个，水金龟茶3—5克。

冲泡

将开水倒入盖碗中进行冲洗，弃水后将茶叶拨入碗中。冲入95—100℃的水，加盖冲泡2—3分钟。

品茶

冲泡结束后，即可将茶汤从盖碗中倒入品茗杯进行品饮。入口后，滋味甘醇浓厚。

安溪铁观音

茶叶介绍

铁观音，又称红心观音、红样观音，主产地是福建安溪。安溪铁观音闻名海内外，以其香高韵长、醇厚甘鲜而驰名中外。安溪铁观音天性娇弱，抗逆性较差，产量较低，萌芽期在春分前后，停止生长期在霜降前后，"红芽歪尾桃"是纯种铁观音的特征之一，是制作乌龙茶的特优品种。

选购要点

茶条卷曲，肥壮圆结，沉重匀整，色泽砂绿，冲泡后汤色金黄浓艳似琥珀，有天然馥郁的兰花香，滋味醇厚甘鲜，回甘悠久者为佳品。

贮藏提示

用铝箔袋包装好存放在密封的铁盒或者木盒中，冷藏在冰箱内，避光、干燥。

茶汤 金黄浓艳

叶底 沉重匀整

营养功效

茶叶中有一种叫黄酮的混合物，有杀菌解毒作用。

🐦 茶叶特点

1. 外形：肥壮圆结
2. 色泽：色泽砂绿
3. 汤色：金黄浓艳
4. 香气：香高韵长
5. 叶底：沉重匀整
6. 滋味：醇厚甘鲜

🐦 特别提醒

品饮铁观音不仅对人体健康有益，还可增添无穷乐趣。但有三"不"需注意：一是空腹不饮，否则会感到饥肠辘辘，头晕欲吐。二是睡前不饮，否则难以入睡。三是冷茶不饮，对胃不利。

● 冲泡品饮

备具　盖碗、茶匙、茶荷、品茗杯各1个，铁观音3—4克。

▼

洗杯、投茶　将开水倒入盖碗中进行冲洗，弃水不用，将茶叶拨入盖碗中。

▼

冲泡　冲入100℃左右的水，加盖冲泡1—3分钟。

▼

赏茶　冲泡后，闻茶香香高韵长，观茶汤金黄浓艳，看叶底沉重匀整。

▼

出汤　冲泡结束后，即可将茶汤从盖碗中倒入品茗杯中进行品饮。

▼

品茶　入口后，滋味醇厚甘鲜，醇爽回甘，微带蜂蜜味。

 茶典、茶人与茶事

安溪铁观音的传说

　　相传，安溪尧阳松岩村（又名松林头村）有个茶农叫魏荫，勤于种茶，又笃信佛教，敬奉观音。每天早晚他一定在观音佛前敬奉一杯清茶，几十年如一日，从未间断。有一天晚上，他睡熟了，梦见自己扛着锄头走出家门，来到一条溪涧旁边。他忽然发现在石缝中有一株茶树，枝壮叶茂，芳香诱人，跟自己所见过的茶树不同……第二天早晨，他顺着昨夜梦中的道路寻找，果然在观音打坐的石隙间找到梦中的茶树。他仔细观看，只见茶叶椭圆，叶肉肥厚，嫩芽紫红，青翠欲滴。魏荫十分高兴，便将这株茶树挖回来，种在一口铁鼎里，悉心培育。因这茶是观音托梦得到且又种在了铁鼎里，故取名"铁观音"。

武夷大红袍

🍃 茶叶介绍

　　武夷大红袍，因早春茶芽萌发时，远望通树艳红似火，若红袍披挂得名。此茶产于福建武夷山，各道工序全部由手工操作，以精湛的工艺特制而成。成品茶香气浓郁，滋味醇厚，有明显"岩韵"特征，饮后齿颊留香，经久不退，冲泡 7 — 8 次犹存原茶的桂花香味，被誉为"武夷茶王"。

🍃 选购要点

　　外形条索紧结，色泽绿褐鲜润，冲泡后汤色橙黄明亮，叶片红绿相间，典型的叶片有绿叶红镶边者为佳品。

🍃 贮藏提示

　　用铝箔袋包装好存放在密封的铁盒或者木盒中，冷藏在冰箱内，要求避光、干燥。

茶汤 橙黄明亮

叶底 沉重匀整

🍃 营养功效

　　武夷大红袍所含的咖啡因较多，咖啡因能促使人体中枢神经兴奋，增强大脑皮质的兴奋过程，起到提神益思、清心的效果。

🍃 茶叶特点

1. 外形：条索紧结
2. 色泽：绿褐鲜润
3. 汤色：橙黄明亮
4. 香气：香高持久
5. 叶底：沉重匀整
6. 滋味：醇厚甘鲜

🍃 特别提醒

　　忌喝新茶：因为新茶中含有未经氧化的多酚类、醛类及醇类等，对人的胃肠黏膜有较强的刺激作用，所以忌喝新茶。

　　品茶时可以把茶叶咀嚼后咽下去，因为茶叶中含有胡萝卜素和粗纤维，对人体有益。

🔵 冲泡品饮

备具　紫砂壶、茶匙、茶荷、品茗杯各1个，武夷大红袍5克左右。

▼

洗杯、投茶　将开水倒入紫砂壶中进行温壶，弃水不用，将茶叶拨入紫砂壶中。

▼

冲泡　冲入100℃左右的水，冲泡2—3分钟。

▼

赏茶　冲泡后，香高持久并有兰花香，"岩韵"明显，茶汤橙黄明亮，叶底红绿相间。

▼

出汤　冲泡结束后，即可将茶汤从紫砂壶中倒入品茗杯中。

▼

品茶　入口后，滋味醇厚甘鲜，冲泡7—8次后，仍然有原茶的真味。

 ## 茶典、茶人与茶事

武夷大红袍的传说

传说古时有一个穷秀才上京赶考，路过武夷山时病倒了，幸好被天心庙老方丈看见，泡了一碗茶给他喝，之后他的病就好了，后来秀才金榜题名，中了状元，还被招为东床驸马。

一个春日，状元来到武夷山谢恩，在老方丈的陪同下，前呼后拥，到了九龙窠。但见峭壁上长着三株高大的茶树，枝叶繁茂，吐着一簇簇嫩芽，在阳光下闪着紫红色的光泽，煞是可爱。老方丈说："去年你犯鼓胀病，就是用这种茶叶泡茶治好的。很早以前，每逢春日茶树发芽时，茶农就鸣鼓召集群猴，穿上红衣裤，爬上绝壁采下茶叶，炒制后收藏，可以治百病。"状元听后，要求采制一盒献给皇上。

第二天，庙内烧香点烛、击鼓鸣钟，招来大小和尚，向九龙窠进发。众人来到茶树下焚香礼拜，齐声高喊："茶发芽！"然后采下芽叶，精工制作，装入锡盒。状元带了茶进京后，正遇皇后肚疼鼓胀，卧床不起。状元立即献茶让皇后服下，果然茶到病除。皇上大喜，将一件大红袍交给状元，让他代表自己去武夷山封赏。一路上礼炮轰响，到了九龙窠，状元命一个樵夫爬上半山腰，将皇上赐的大红袍披在茶树上，以示皇恩。说也奇怪，等掀开大红袍时，三株茶树的芽叶在阳光下闪出红光，众人说这是大红袍染红的。

后来，人们就把这三株茶树叫作"大红袍"了。有人还在石壁上刻了"大红袍"三个大字。从此大红袍就成了年年岁岁的贡茶。

冻顶乌龙茶

茶叶介绍

　　冻顶乌龙茶俗称冻顶茶，是我国台湾知名度极高的茶，也是我国台湾包种茶的一种。我国台湾包种茶属轻度或中度发酵茶，亦称"清香乌龙茶"。包种茶按外形不同可分为两类，一类是条形包种茶，以"文山包种茶"为代表；另一类是半球形包种茶，以"冻顶乌龙茶"为代表。冻顶乌龙茶原产地在我国台湾南投县鹿谷乡，主要是以青心乌龙为原料制成的半发酵茶。

茶汤 黄绿明亮

叶底 肥厚匀整

选购要点

　　以条索紧结卷曲，色泽墨绿鲜艳，有灰白点状的斑，干茶有强劲的芳香；底边缘有红边，中央部分呈淡绿色；冲泡后汤色黄绿明亮，有像桂花一样的香气，滋味甘醇浓厚，回甘强者为佳品。

贮藏提示

　　防晒、防潮、防异味，低温冷藏。

营养功效

　　饮用冻顶乌龙茶可以降低血液黏稠度，防止红细胞聚集，改善血液高凝状态，增加血液流动性，改善微循环。

茶叶特点

1. 外形：紧结卷曲
2. 色泽：墨绿油润
3. 汤色：黄绿明亮
4. 香气：持久高远
5. 叶底：肥厚匀整
6. 滋味：甘醇浓厚

⊙ 冲泡品饮

备具 盖碗、茶匙、茶荷、品茗杯各 1 个，冻顶乌龙茶 3 克左右。

▼

洗杯、投茶 将开水倒入盖碗中进行温杯，弃水不用，将茶叶拨入盖碗中。

▼

冲泡 冲入 100℃左右的水，加盖冲泡 1—3 分钟。

▼

赏茶 冲泡后，茶汤黄绿明亮，叶底肥厚匀整。

▼

出汤 冲泡结束后，即可将茶汤从盖碗中倒入品茗杯中进行品饮。

▼

品茶 入口后，滋味甘醇浓厚，喉韵强，饮后唇齿带有花香或成熟果香。

 茶典、茶人与茶事

冻顶乌龙茶的传说

　　我国台湾的冻顶茶是一位叫林凤池的人从福建武夷山把茶苗带到台湾种植而发展起来的。

　　林凤池祖籍福建。一年，他听说福建要举行科举考试，决定去参加，可是因家穷凑不出路费。乡亲们纷纷捐款助他参加科举。临行时，乡亲们对他说："你到了福建，可要向咱祖家的乡亲们问好呀，说咱们台湾乡亲十分怀念他们。"林凤池考中了举人，几年后他回台湾探亲时，顺便带了 36 棵茶苗回来，种在了南投县鹿谷乡的冻顶山上。经过精心培育繁殖，那里建成了一片茶园，所采制之茶清香可口。后来林凤池奉旨进京，就把其所种的茶献给了道光皇帝，道光皇帝饮后连声称赞。因这茶是台湾冻顶山采制的，因而叫作冻顶茶。从此我国台湾乌龙茶也叫"冻顶乌龙茶"。

凤凰单丛

● 茶叶介绍

凤凰单丛，属乌龙茶类，产于广东省潮州市凤凰镇乌岽山茶区。因产区濒临东海，气候温暖，雨水充足，土壤肥沃，含有丰富的有机物质和微量元素，有利于茶树的发育与形成茶多酚和芳香物质。凤凰单丛实行分株单采，清明前后，新茶芽萌发至小开面（出现驻芽），即按一芽二、三叶（中开面）标准，用骑马采茶手法采摘。

● 选购要点

选购时，以条索紧细，色泽乌润油亮，滋味醇厚鲜爽，回甘力强，汤色橙黄明亮的凤凰单丛为佳品。

● 贮藏提示

将茶叶用铝箔袋包装好存放在密封的铁盒或者木盒中，冷藏在冰箱内，避光、干燥。

茶汤橙黄明亮

叶底匀亮齐整

● 营养功效

凤凰单丛含有的茶多酚具有很强的抗氧化性和生理活性，是人体自由基的清除剂，能阻断脂质过氧化反应，清除活性酶。

● 制作工序

凤凰单丛黄枝香是凤凰单丛十大花蜜香型珍贵名丛之一，因香气独特，有明显黄栀子花香而得名。该茶有多个株系，单丛茶是按照单株株系采摘，单独制作而成，具有天然的花香。优质的凤凰单丛是以适时的采摘作为基础的，一般晴天的下午是采摘凤凰单丛茶叶的最佳时机。其重要的制作工序，首先为晒青，晒青的作用是利用光能使茶叶叶片水分蒸发，它能够诱导茶叶香气的产生。其次就是晾青，这是为晒青所做的补充，起到为茶叶调节水分的作用。再次就是凉青，是

● 茶叶特点

1. 外形：条索紧细
2. 色泽：乌润油亮
3. 汤色：橙黄明亮
4. 香气：香高持久
5. 叶底：匀亮齐整
6. 滋味：醇厚鲜爽

指将晒青后的茶叶，移置阴凉处静置。最后就是碰青，使茶叶中的各种有效成分得以充分发挥。之后再经过一般的炒青、揉捻以及烘焙就完成了。

凤凰单丛茶属乌龙茶类，始创于明代，以产自潮安县凤凰镇乌岽山，并经单株（丛）采收、单株（丛）加工而得名。潮安凤凰茶为历代贡品，清代已入中国名茶之列。明朝嘉靖年间的《广东通志初稿》记载："茶，潮之出桑浦者佳。"当时潮安已成为广东产茶区之一。

冲泡品饮

备具　盖碗、茶匙、茶荷、品茗杯各1个，凤凰单丛茶3—5克。

▼

洗杯、投茶　将开水倒入盖碗中进行温杯，弃水不用，将茶叶拨入盖碗中。

▼

冲泡　冲入100℃左右的水，加盖冲泡1—3分钟。

▼

赏茶　冲泡后，茶汤橙黄明亮，叶底匀亮齐整，有明显的红边。

▼

出汤　冲泡结束后，即可将茶汤从盖碗中倒入品茗杯中进行品饮。

▼

品茶　入口后，滋味醇厚鲜爽，有栀子花香。

特别提醒

茶叶一旦受潮，可用干净、没有油腻的锅慢慢烘干。霉变的茶叶不能喝，以免对身体造成不必要的影响。

白鸡冠

🍃 茶叶介绍

白鸡冠是武夷山四大名丛之一。生长在慧苑岩火焰峰下外鬼洞和武夷山公祠后山的茶树，叶色淡绿，绿中带白，芽儿弯弯又毛茸茸的，形态就像白锦鸡头上的鸡冠，故名白鸡冠。白鸡冠多次冲泡仍有余香，适制武夷岩茶（乌龙茶），抗性中等，适宜在武夷乌龙茶区种植。用该鲜叶制成的乌龙茶，是武夷岩茶中的精品。其采制特点与大红袍相似。

茶汤 橙黄明亮

叶底 沉重匀整

🍃 选购要点

色泽米黄呈乳白，汤色橙黄明亮，入口齿颊留香者为佳品。

🍃 贮藏提示

将茶叶用铝箔袋包装好存放在密封的铁盒或者木盒中，冷藏在冰箱内，避光、干燥。

🍃 营养功效

茶多酚有较强的收敛作用，对病原菌、病毒有明显的抑制和杀灭作用，对消炎止泻有明显效果。

🍃 茶叶特点

1. 外形：条索紧结
2. 色泽：米黄带白
3. 汤色：橙黄明亮
4. 香气：香高持久
5. 叶底：沉重匀整
6. 滋味：醇厚甘鲜

🍃 特别提醒

胃寒的人过多饮用会引起肠胃不适。

忌用茶水服药，因为茶中的鞣酸会与药物结合产生沉淀，阻碍吸收，影响药效。

白鸡冠的采摘时间一般是在5月中旬，标准是以驻芽二、三叶，驻芽三、四叶为主。茶叶采摘要求是15:00以后的嫩叶，采摘标准为小开面至中开面，且匀整、新鲜。

其制作时还要经过驻青，具体做法是把茶青及时、均匀地摊在竹席或水筛上，鲜叶摊放厚度小于15厘米，并使鲜叶保持疏松。每隔1—2小时翻动一次。接下来是晒青，晒青时应注意避免暴晒，严格控制在17:00—19:00。凉青的时候则要防止风吹、日光直接照射。紧接着是做青。做青完成以后就是杀青，杀青时以"高温杀青，先高后低"为原则。揉捻是要使杀青叶扭曲成条。再经过初烘、初包揉、复烘、复包揉、烘干等工序，该茶的制作就完成了。优质的白鸡冠毛茶应当是色泽墨绿中带米黄色，香气悠长，滋味醇厚较甘爽。

● 冲泡品饮

备具 盖碗、茶匙、茶荷、品茗杯各1个，白鸡冠茶3—5克左右。

▼

洗杯、投茶 将开水倒入盖碗中温杯，将茶叶拨入盖碗中。

▼

冲泡 冲入100℃左右的水，加盖冲泡2—3分钟。

▼

赏茶 冲泡后，茶香清鲜浓长，有百合花的香味。茶汤橙黄明亮。

▼

出汤 冲泡结束后，即可将茶汤倒入品茗杯中进行品饮。

▼

品茶 入口后，滋味醇厚甘鲜，唇齿留香，具有活、甘、清、香的特色，让人神清目朗，回味无穷。

初识花茶

花茶品鉴

窨制花茶的茶汤取决于茶坯的种类。茉莉花茶的茶汤就是绿茶的茶汤，桂花乌龙的茶汤就是乌龙茶的茶汤，茉莉红茶的茶汤就是红茶的茶汤；花草茶的茶汤颜色是干花本身的颜色；工艺花茶的茶汤一般是绿茶的茶汤，茶香与花香完美融合，滋味醇和。

花茶的分类

＊窨制花茶

用茶叶和香花进行拼和窨制，使茶叶吸收花香而制成的香茶，亦称熏花茶。花茶的主要产区有福建的福州、浙江的金华、江苏的苏州等地。花茶因窨制的香花不同分为茉莉花茶、珠兰花茶等。各种花茶独具特色，但总的品质皆香气鲜灵浓郁，滋味浓醇鲜爽，汤色明亮。茶美花香，珠联璧合，相得益彰，韵味芬芳。

＊花草茶

一般我们所说的花草茶，特指那些不含茶叶成分的香草类饮品，所以花草茶其实是不含"茶叶"成分的。准确地说，花草茶指的是将植物的根、茎、叶、花或皮等部分加以煎煮或冲泡，而产生芳香味道的草本饮料。花草茶有玫瑰花茶、洛神花茶、金银花茶等。

＊工艺花茶

工艺花茶是最近几年刚兴起的一种再加工茶。这种茶极大地改变了传统花茶用的鲜花窨制茶叶，最后去花留茶的做法，而是将干花包藏于茶叶之中。冲泡时茶叶渐渐舒展，干花吸水慢慢开放，极大地提高了其观赏性，增加了茶的趣味性。

营养成分

花茶的维生素含量较多且种类丰富，富含维生素 A、维生素 C 及多种矿物质，如镁、钙、铁等，还含有类黄酮、苦味素、单宁酸等。

营养功效

舒缓压力、助消化：花茶具有松弛神经、安抚心神、消除噩梦以及舒缓头痛等主要功效。饭后喝一杯花茶可以帮助消化，而睡前喝则可促进睡眠。

增强免疫力：花茶可调节神经，促进新陈代谢，增强机体免疫力。

选购窍门

窨制花茶：窨制花茶一般选用鲜嫩的新茶来窨制。选购花茶时，应挑选外形完整、条索紧结匀整，汤色浅黄明亮，叶底细嫩匀亮，不存在其他碎茶或杂质的优质花茶。

花草茶：选购花草茶时，应挑选不散碎、干净无杂质、香气清新自然的优质花草茶。

工艺花茶：工艺花茶不仅可以供人们饮用，还可以用于观赏，冲泡的是茶，观赏的是花。因此挑选工艺花茶时应查看造型是否完整、有无虫蛀，优质工艺花茶泡开后造型完整，香气淡雅。

贮存方法

存放在密封罐内，避免接触强光，远离高温、异味。

泡茶器具与水温

玻璃茶具最佳，透明的玻璃能展示花草的美；冲泡花茶的水温不宜过高，90—95℃就好，否则会破坏花茶中的一些营养成分。

花茶茶艺展示——菊花茶的泡茶步骤

①**备具**：准备好茶壶、品茗杯、杯垫等。

②**温杯、温壶**：将开水倒入茶壶中进行温杯，再对品茗杯进行温杯，弃水不用。

③**盛茶**：将菊花茶拨入茶壶中。

④**赏茶**：冲入 90—95℃的水，加盖冲泡 3—5 分钟。

⑤**投茶**：3—5 分钟后即可出汤。

⑥**冲泡**：可看到菊花在水中已慢慢舒展开来。

⑦**出汤**：将茶壶中的茶汤斟入品茗杯中。

⑧**闻茶**：菊花的茶汤香气怡人。

⑨**品茶**：待茶汤稍凉时，小口品饮，可感茶味清幽。

茉莉红茶

🍵 茶叶介绍

　　茉莉红茶是采用茉莉花茶窨制工艺与红茶工艺精制而成的花茶。此茶既有发酵红茶的秀丽外形，又有茉莉花的浓郁芬芳，集花茶和红茶的精华于一身。目前市面上销售较多的是福建的九峰茉莉红茶。

🍵 选购要点

　　外观上以一芽一叶、一芽二叶或嫩芽多、芽毫显露者为特级品；茶芽嫩度好，条形细紧，芽毫微显者为一级品；茶芽嫩度较差，条形松大，茎梗较多者为低档品。

茶汤 金黄明亮

叶底 匀嫩晶绿

🍵 贮藏提示

　　将茶置于通风、干燥、避光处保存。

🍵 营养功效

　　茉莉红茶中的茶碱能振奋精神、消除疲劳。

　　红茶是一种全发酵茶，其性温和，无刺激性，肠胃较弱的人饮用有暖胃和增加能量的作用。

🍵 茶叶特点

1. 外形：匀齐毫多
2. 色泽：黑褐油润
3. 汤色：金黄明亮
4. 香气：浓郁芬芳
5. 叶底：匀嫩晶绿
6. 滋味：醇厚甘爽

🍵 冲泡品饮

备具
茶壶、茶匙、茶荷、茶杯各1个，茉莉红茶5克。

冲泡
用茶匙将茉莉红茶从茶荷中拨入茶壶中，倒入95℃左右的水冲泡即可。

品茶
3分钟后即可倒入茶杯中品饮，入口后醇厚甘爽，香气浓郁。

桂花茶

茶叶介绍

桂花茶是用鲜桂花窨制，既不失茶的香味，又带浓郁桂花香气，很适合胃功能较弱的人饮用的茶品。广西桂林的桂花烘青以桂花的馥郁芬芳衬托茶的醇厚滋味而别具一格，成为茶中珍品，深受国内外消费者的青睐。尤其是桂花乌龙和桂花红茶的研制成功，即乌龙、红碎茶，增添了出口外销的新品种。

选购要点

外形条索紧细匀整，花如叶里藏金，色泽金黄，香气浓郁持久，汤色绿黄明亮，滋味醇香适口，叶底嫩黄明亮者为佳品。

贮藏提示

密封、干燥、低温、避光贮藏。

茶汤绿黄明亮

叶底嫩黄明亮

营养功效

桂花有排毒养颜、止咳化痰的作用，因上火而导致声音沙哑时，在绿茶或乌龙茶中加点儿桂花，可起到缓解作用。

茶叶特点

1. 外形：紧细匀整
2. 色泽：呈金黄色
3. 汤色：绿黄明亮
4. 香气：浓郁持久
5. 叶底：嫩黄明亮
6. 滋味：醇香适口

冲泡品饮

备具	冲泡	品茶
带盖玻璃杯1个，桂花茶3—4克。	将桂花茶放入玻璃杯中，冲入95℃左右的水，盖上盖子，冲泡3—5分钟。	小口品饮，茶香浓郁持久，滋味醇香适口，饮后口齿留香。

菊花茶

🔅 茶叶介绍

　　菊花茶不仅极具观赏性，而且用途广泛，在家庭聚会、下午茶、饭后消食解腻的时候均可用到。菊花产地分布各地，自然品种繁多，比较引人注目的有黄菊、白菊、杭白菊、贡菊、德菊、川菊、滁菊等，大都具备较高的药用价值。

🔅 选购要点

　　选购菊花茶时注意区别产地，不同产地所产菊花茶色泽不同，品种各异。

茶汤　汤色黄色

叶底　叶子细嫩

🔅 贮藏提示

　　密封储藏，避免高温直射。

🔅 营养功效

　　菊花茶配上枸杞或者蜂蜜饮用，能够帮助人体疏肝解郁、清热解毒，有效抵抗细菌。

🔅 茶叶特点

1. 外形：花朵外形
2. 色泽：色泽明黄
3. 汤色：汤色黄色
4. 香气：清香怡人
5. 叶底：叶子细嫩
6. 滋味：滋味甘甜

🔅 冲泡品饮

备具	冲泡	品茶
透明玻璃茶壶1个，菊花茶适量。	冲泡菊花茶可以加入山楂、枸杞等，不同选择有不同功效。	品用菊花茶时可以按照个人喜好加入冰糖或者蜂蜜。脾胃不和者慎加或勿加。

玫瑰花茶

茶叶介绍

玫瑰花是一种珍贵的药材，能调和肝脾，理气和胃。玫瑰花茶是用鲜玫瑰花和茶叶的芽尖按比例混合，利用现代高科技工艺窨制而成的高档茶，其香气有浓、轻之别，和而不猛。我国现今生产的玫瑰花茶主要有玫瑰红茶、玫瑰绿茶、墨红玫瑰花茶、玫瑰九曲红梅等花色品种。玫瑰花采下后，经适当摊放、折瓣，拣去花蒂、花蕊，以净花瓣付窨。

茶汤 淡红清澈

叶底 嫩匀柔软

选购要点

以外形饱满，色泽均匀，香气冲鼻，汤色通红者为宜。

茶叶特点

1. 外形：外形饱满
2. 色泽：色泽均匀
3. 汤色：淡红清澈
4. 香气：浓郁悠长
5. 叶底：嫩匀柔软
6. 滋味：浓醇甘爽

贮藏提示

密封、干燥、低温、避光贮藏。

营养功效

玫瑰花能改善内分泌失调，对消除疲劳和伤口愈合有帮助，还能调理女性生理问题。

玫瑰花既能降火气，也能保护肝脏，长期饮用还有助于促进新陈代谢。

冲泡品饮

备具	冲泡	品茶
透明玻璃杯或盖碗1个，玫瑰花茶3克。	冲入95℃左右的水，盖上盖子，冲泡1—3分钟。	玫瑰花茶宜热饮，香味浓郁，沁人心脾。

茉莉花茶

🍵 茶叶介绍

　　茉莉花茶是将茶叶和茉莉鲜花进行拼和、窨制，使茶叶吸收花香而成。因是通过茶中加入茉莉花朵熏制而成，故名茉莉花茶。茉莉花茶经久耐泡，根据品种、产地和形状的不同，茉莉花茶又有着不同的名称。

🍵 选购要点

　　以香气持久，口感柔和，无异味者为最佳。

🍵 贮藏提示

　　密封、干燥、低温、避光贮藏。

茶汤 黄绿明亮

叶底 嫩匀柔软

🍵 茶叶特点

1. 外形：紧细匀整
2. 色泽：黑褐油润
3. 汤色：黄绿明亮
4. 香气：鲜灵持久
5. 叶底：嫩匀柔软
6. 滋味：醇厚鲜爽

🍵 营养功效

　　茉莉花含有的挥发油性物质有行气止痛、解郁散结的作用，可缓解胸腹胀痛、下痢、里急后重等病症，为止痛之食疗佳品。

　　茉莉花能抑制多种细菌，内服外用皆可，适用于目赤、疮疡、皮肤溃烂等炎性病症。

🍵 冲泡品饮

备具	冲泡	品茶
茶壶或盖碗1个，茉莉花茶5克左右。	冲入95—100℃的水，盖上盖子，冲泡3—5分钟。	小口品饮，以口吸气、鼻呼气，使茶汤在舌头上往返流动片刻，可感茶味清幽、芬芳怡人。

第三章
选好水，
择佳器，
泡好茶

泡茶篇

选好茶叶泡好茶

不同的茶叶有着不同的选择标准，而如何甄选茶叶，鉴别茶叶的优劣好坏，也可以算作一门学问。这需要我们从茶的不同方面考虑，例如烘焙火候、茶青老嫩、茶叶外形、枝叶连理等。只要熟知好茶在这些方面的特点，相信大家一定可以轻而易举地甄选出好的茶叶来，并从泡茶中获得极大的收获与乐趣。

好茶的五要素

市场上的茶叶品种繁多，可谓五花八门，因此，如何选购茶叶成了人们首先要了解的。一般来说，选茶主要从视觉、嗅觉、味觉和触觉等方面来鉴别甄选。好茶在这几方面比普通茶叶要突出许多。总体来看，选购茶叶可从以下五个要素入手：

1. 外形

选购茶叶，首先要看其外形如何。外形匀整的茶往往较好，而那些断碎的茶则差一些。可以将茶叶放在盘中，使茶叶在旋转力的作用下，依形状大小、轻重、粗细、整碎形成有次序的分层。其中粗壮的在最上层，紧细重实的集中于中层，断碎细小的沉积在最下层。各茶类都以中层茶多为好。上层一般是粗老叶子多，滋味较淡，水色较浅；下层碎茶多，冲泡后往往滋味过浓，汤色较深。

除了外形的整碎，还需要注意茶叶的条索如何，一般长条形茶，看松紧、弯直、壮瘦、圆扁、轻重；圆形茶看颗粒的松紧、匀正、轻重、空实；扁形茶看平整光滑程度等。一般来说，条索紧、身骨重，说明原料嫩，做工精良，品质也好；如果条索松散，颗粒松泡，叶表粗糙，身骨轻飘，就算不上好茶了，这样的茶也尽量不要选购。

茶饼

　　各种茶叶都有特定的外形特征，有的像银针，有的像瓜子片，有的像圆珠，有的像雀舌，有的叶片松泡，有的叶片紧结。名优茶有各自独特的形状，如午子仙毫的外形特点是微扁、条直等。

　　根据外形判断茶叶不是很难，只要取适量的干茶叶置于手掌中，通过肉眼观察以及感受就可以判断其好坏。

　　除了以上两种方法，还可以通过净度判断茶的好坏。净度好的茶，不含任何夹杂物，例如茶片、茶梗、茶末、茶籽和制作过程中混入的竹屑、木片、石灰、泥沙等物。

2. 香气

　　香气是茶叶的灵魂，无论哪类茶叶，都有其各自独特的香味。例如绿茶清香，红茶略带焦糖香，乌龙茶独有熟果香，花茶则有花香和茶香混合的强烈香气。

　　我们选购茶叶时，可以根据干茶的香气强弱、是否纯正以及持久程度判断。例如，手捧茶叶，靠近鼻子轻轻嗅一嗅，一般来说，以那些浓烈、鲜爽、纯正、持久并且无异味的茶叶为佳；如果茶叶有霉气、烟焦味和熟闷味均为品质低劣的茶。

汤色澄清鲜亮带油光

茶汤以没有浑浊或沉淀物产生者为佳

3. 颜色

　　各种茶都有着不同的色泽，但无论如何，好茶均有着光泽明亮、油润鲜活的特点，因此，我们可以根据颜色识别茶的品质。总体来说，绿茶翠绿鲜活，红茶乌黑油润，乌龙呈现青褐色，黑茶呈黑油色等，呈现以上这些色泽的各类茶往往都是优品；而那些色泽不一、深浅不同或暗而无光的茶，说明原料老嫩不一、做工粗糙，品质低劣。

　　茶叶的色泽与许多方面有关，如原料嫩度、茶树品种、茶园条件、加工技术等。例如高山绿茶，色泽绿而略带黄，鲜活明亮；低山茶或平地茶色泽深绿有光；如果杀青不匀，也会造成茶叶光泽不匀、不整齐；而制作工艺粗劣，即使鲜嫩的茶芽也会变得粗老枯暗。

　　除了干茶的色泽，我们还可以根据汤色的不同辨别茶叶好坏。好茶的茶汤一定是鲜亮清澈的，并带有一定的亮度；而劣茶的茶汤常有沉淀物，汤色也浑浊。只要我们谨记不同类好茶的色泽特点，相信选好优质茶叶也不是难事。

4. 味道

茶叶种类不同，各自的口感也不同，因而甄别的标准往往不同。例如：绿茶茶汤鲜爽醇厚，初尝略涩，后转为甘甜；红茶茶汤甜味更浓，回味无穷；花茶茶汤滋味清爽甘甜，鲜花香气明显。茶的种类虽然较多，但均以少苦涩、带甘滑醇厚、能口齿留香的为优品，以苦涩味重、陈旧味或火味重者为次品。

轻啜一口茶，闭目凝神，细品茶中的味道，让茶香融化在唇齿之间。或香醇，或甘甜，或润滑，抑或细腻，所有好茶的共同特点，都是令人回味无穷的。

5. 韵味

所谓韵味，不仅是茶叶的味道这么简单，而是一种丰富的内涵以及含蓄的情趣。从古至今，名人墨客，王侯百姓，无一不对茶的韵味大加赞美。无论是雅致的茶诗茶话，还是通俗的茶联茶俗，都饱含着人们对茶的浓浓深情。品一口茶，顿时舌根香甜，再尝一口，觉得心旷神怡。直到饮尽杯中茶之后，其中韵味却如余音绕梁一般，久久不去，令人飘然若仙，仿佛人生皆化为馥郁清香的茶汁，苦尽甘来，实在美哉悠哉。

无论是哪类茶，都可以用以上五种方法甄别出优劣。只要常常与茶打交道，在外形、香气、颜色、味道、韵味上多下功夫，相信大家一定会选出好茶来。

新茶和陈茶的鉴别

所谓新茶，是指当年从茶树上采摘的头几批新鲜叶片加工制成的茶；所谓陈茶，是指上了年份的茶，一般超过 5 年的都算陈茶。市场上，有些不法商家常常以陈茶代替新茶，欺骗消费者。而人们购买到这类茶叶之后，往往懊悔不已。在此，我们提供一些判断新茶和陈茶的方法，以供大家参考，帮助大家在今后可以正确地选购到需要的茶叶。

1. 根据茶叶的外形甄别新茶和陈茶

一般来说，条索明亮，大小、粗细、长短均匀者为新茶；条索枯暗、外形不整，甚至有茶梗、茶籽者为陈茶。新茶细实、芽头多、锋苗锐利的嫩度高；陈茶粗松、老叶多、叶脉隆起的嫩度低。扁形茶以平扁光滑者为新，粗、枯、短者为陈；条形茶以条索紧细、圆直、匀齐者为新，粗糙、扭曲、短碎者为陈；颗粒茶以圆满结实者为新，松散块者为陈。

2. 根据茶叶的色泽甄别新茶和陈茶

　　茶叶在贮存过程中，由于受空气中氧气和光的作用，使构成茶叶色泽的一些色素物质发生缓慢的自动分解，因此，我们可以从色泽上甄别出新茶和陈茶。一般情况下，新茶色泽都清新悦目，绿意分明，呈嫩绿或墨绿色，冲泡后色泽碧绿，而后慢慢转微黄，汤色明净，叶底亮泽。而陈茶由于不饱和成分已被氧化，通

新茶　　　　　　　　陈茶

常色泽发暗，无润泽感，呈暗绿或暗褐色，茶梗断处截面呈暗黑色，汤色也变深变暗，茶黄素被进一步氧化聚合，偏枯黄，透明度低。

　　绿茶中，色泽枯灰无光、茶汤色变得黄褐不清等都是陈茶的表现；红茶中，色泽变得灰暗、汤色变得浑浊不清、失去红茶的鲜活感，这些也是贮存时间过长的表现；花茶中，颜色浓，甚至发红的往往都是陈茶。

3. 根据茶叶的香气甄别新茶和陈茶

　　茶叶中含有几百种带香气成分的物质，这些物质经过长时间贮藏，往往会不断挥发出来，也会缓慢氧化。因而，时间久了，茶中的香气开始转淡转浅，香型也会由新茶时的清香馥郁而变得低闷浑浊。

　　陈茶会产生一种令人不快的老化味，即人们常说的"陈味"，甚至有粗老气或焦涩气。有的陈茶会经过人工熏香之后出售，但这种茶香味道极为不纯。因此，我们可以通过香气对新茶与陈茶进行甄别。

4. 根据茶叶的味道甄别新茶和陈茶

　　再好的茶叶，只有细细品尝、对比之后才能判断出品质的好坏。因此，我们可以在购买茶叶之前，让卖家泡一壶茶，自己坐下来仔细品饮，通过茶叶的味道来甄别。茶叶在贮藏过程中，其中的酚类化合物、氨基酸、维生素等构成滋味的物质，有的分解挥发，有的缩合成不溶于水的物质，从而使可溶于茶汤中的滋味物质减少。可以说，不管哪种茶类，新茶的滋味往往都醇厚鲜爽，而陈茶却味道寡淡，鲜爽味也自然减弱。

　　有很多人认为，"茶叶越新越好"，其实这种观点是对茶叶的一种误解。多数茶是新比陈好，但也有一部分茶叶是越陈越好，例如普洱茶。因此，大部分人买回了普洱新茶之后都会储存起来，放置五六年或更长时间，等到再开封的时候，这些茶泡完之后香气更加浓郁香醇，可称得上优品。即便是追求新鲜的绿茶，也并非需要新鲜到现采现喝，例如一些新炒制的名茶如西湖龙井、洞庭碧螺春、黄山毛峰等，在经过高温烘炒后，立即饮用容易上火。如果能贮存 1—2 个月，不仅汤色清澈晶莹，而且滋味鲜醇可口，叶底青翠润绿，而未经贮存的茶闻起来略带青草气，经短期贮放的却有清香纯洁之感。又如盛产于福建的武夷岩茶，隔年陈茶反而香气馥郁、滋味醇厚。

　　总之，新茶和陈茶之间有许多不同点，掌握了这些，在购买茶叶时再用心地品味一番，相信一定能对新茶和陈茶做出准确的判断，买到自己喜欢的种类。

春茶、夏茶和秋茶的鉴别

　　许多茶友会有这种感觉，自己每次购买的茶叶都是相同的种类，味道却总是不同。这并不完全是指买到了陈年茶或劣质茶，有时候，也可能是买到了不同季节的茶。

根据采摘季节的不同，一般茶叶可分为春茶、夏茶和秋茶三种，但季节茶的划分标准是不一致的。有的以节气分：清明至小满采摘的茶为春茶，小满至小暑采摘的茶为夏茶，小暑至寒露采摘的茶为秋茶；有的以时间分：在5月底以前采制的为春茶，6月初至7月上旬采制的为夏茶；7月中旬以后采制的为秋茶。不同季节的茶叶因光照时间不同，生长期长短不同，气温的高低以及降水量多寡的差异，品质和口感的差异也非常之大。那么，如何判断春茶、夏茶和秋茶呢？下面就简单介绍以下几种茶的甄别方法：

1. 观看干茶

我们可以从茶叶的外形、色泽等方面大体判断该茶是在哪个季节采摘的。

春茶的特点往往是叶片肥厚，条索紧结。春茶中的绿茶色泽绿润，红茶色泽乌润，珠茶则颗粒圆紧；夏茶的特点是叶片轻飘松宽，梗茎瘦长，色泽发暗，绿茶与红茶均条索松散，珠茶颗粒饱满；秋茶的特点是叶片轻薄瘦小，茶叶大小不一，绿茶色泽黄绿，红茶色泽较为暗红。

除此以外，有时还可根据夹杂在茶叶中的茶花、茶果来判断是哪个季节的茶。例如，由于从7月下旬至8月为茶的花蕾期，而9月至11月为茶树开花期，因此，若发现茶叶中包含花蕾或花朵，那么就可以判断该茶为秋茶。又如，茶叶中夹杂的茶树幼果大小如绿豆一样时，可以判断此茶为春茶；如果幼果较大，如豌豆那么大时，可判断此茶为夏茶；如果茶果更大时，则可以判断此茶为秋茶。不过，一般茶叶加工时都会进行筛选和拣除，很少会有茶花、茶果夹杂在其中，在此只是为了方便大家多一种鉴别方法而已。

2. 品饮闻香

判断茶最好的方法还是坐下来品尝一番。春茶、夏茶、秋茶因采摘的季节不同，其冲泡后的颜色与口感也大为不同。

＊春茶

冲泡春茶时，我们会发现叶片下沉较快，香气浓烈且持久，滋味也较

茶香挥发慢

保湿效果好

品饮闻香的用具是闻香杯，其杯外形较品茗杯略微细长，很少单独使用，多与品茗杯搭配使用

147

春茶   夏茶   秋茶

其他茶更醇厚。绿茶茶汤往往绿中略显黄色；红茶茶汤红艳显金圈。春茶的叶底柔软厚实，叶张脉络细密，正常芽叶较多，叶片边缘锯齿不明显。

＊夏茶

冲泡夏茶时，我们会发现叶片下沉较慢，香气略低。绿茶茶汤汤色青绿，滋味苦涩，叶底中夹杂着铜绿色的茶芽；而红茶茶汤较为红亮，略带涩感，滋味欠厚，叶底也较为红亮。夏茶的叶底较薄而略硬，夹叶较多，叶脉较粗，叶边缘锯齿明显。

＊秋茶

冲泡秋茶时，我们能感觉到其香气不高，滋味也平淡，如果是铁观音或红茶，味道中还夹杂着一点儿酸。叶底夹杂着铜绿色的茶芽，夹叶较多，叶边缘锯齿明显。

通常来说，春茶的品质与口感较其他两种茶好，比如购买龙井时一定要买春茶，尤其是明前的龙井，不仅颜色鲜艳，香气也馥郁鲜爽，且能够储存较长的时间。但茶叶有时候因采摘季节不同而呈现不同的特色与口感，不一定都以春茶为最佳。例如，秋季的铁观音和乌龙茶的滋味比较厚，回甘也较好，因而，喜欢味道醇厚的茶友们可以选择购买这两种茶的秋茶。

通过简单的对比，我们可以看出几种茶还是有很大差别的，如果下次再选购茶叶的时候，可根据自己的爱好以及茶叶的品质进行购买。

绿茶的鉴别

绿茶是指采摘茶树的新叶之后，未经过发酵，经杀青、揉捻、干燥等工序制成的茶类。其茶汤较多地保存了鲜茶叶的绿色主调，色泽也多为翠绿色。我们甄别绿茶的好坏可以从以下几个方面入手。

1. 外形

绿茶种类有很多，外形自然也相差很多。一般来说，优质眉茶呈绿色且带银灰光泽，条索均匀，重实有锋苗，整洁光滑；珠茶深绿而带乌黑光泽，颗粒紧结，以滚圆如珠的为上品；烘青呈绿带嫩黄色，瓜片翠绿；毛峰茶条索紧结、白毫多为上品；炒青碧绿青翠；蒸青绿茶中外形紧缩重实，大小匀整，芽尖完整，色泽调匀，浓绿发青有光彩者为上品。

次品绿茶中如次品眉茶，它的条索常常松扁、弯曲、轻飘、色泽发黄或是很暗淡；又如次品毛峰茶，条索粗松，质地松散，毫少；等等。

2. 香气

高级绿茶都有嫩香持久的特点。例如，珠茶芳香持久；蒸青绿茶香气清鲜，又带有特殊的紫菜香；屯绿有持久的板栗香；舒绿有浓烈的花香；湿绿有高锐的嫩香；等等。不同的绿茶都有其不同的特点。

而那些带有烟味、酸味、发酵气味、青草味或其他异味的茶则属于次品。

3. 汤色

高级绿茶的汤色较为清澈明亮，例如眉茶、珠茶的汤色清澈黄绿、透明，蒸青绿茶的汤色淡黄泛绿、清澈明亮。

而那些汤色呈现深黄色，或是浑浊、泛红的绿茶，往往都是次品。

4. 滋味

高级绿茶经过冲泡之后，其滋味都浓厚鲜爽。例如眉茶浓纯鲜爽；珠茶浓厚，回味中带着甘甜；蒸青绿茶的滋味新鲜爽口。

那些滋味淡薄、粗涩，甚至有老青味和其他杂味的绿茶，皆为次品。

5. 叶底

高级绿茶的叶底往往都是明亮、细嫩的，且质地厚软，叶背也有白色茸毛。那些叶底粗老、薄硬，或呈现暗青色的茶叶，往往都是次品。

绿茶对人体有很大的益处。

绿茶中的极品——黄山毛峰的干茶及冲泡之后的茶汤

常饮绿茶不仅可以降血脂，还可以减轻吸烟者体内的尼古丁含量，可称得上是人体内的"清洁剂"。绿茶的价值如此高，选购的人也不在少数，因而有许多不法商家经常会为了牟取暴利而作假。只有我们掌握了甄别绿茶的方法，才能选择出品质最好，最适合自己的绿茶。

红茶的鉴别

红茶属于全发酵茶，是以茶树的芽叶作为原料，经过萎凋、揉捻、发酵、干燥等工序精制而成的茶叶。红茶一直深受人们的欢迎，但也有许多人不了解该如何选购优质的红茶，以下就为大家提供几种甄别红茶的方法。

红茶因其制作方法不同，可分为工夫红茶、小种红茶和红碎茶三种。不同类型的红茶有着不同的甄别方法。

1. 工夫红茶

工夫红茶条索紧细圆直，匀齐；色泽乌润，富有光泽；香气馥郁，鲜浓纯正；滋味醇厚，汤色红艳；叶底明亮、呈现红色的为优品。

反之，那些条索粗松、匀齐度差，色泽枯暗不一致，香气不纯，茶汤颜色欠明，汤色浑浊，滋味粗淡，叶底深暗的为次品。

优质红茶——政和工夫的干茶及茶汤

工夫红茶中以安徽祁门红茶最为名贵，其他的如政和工夫、坦洋工夫和白琳工夫等在国内外也都久负盛名，皆为优质红茶。

2. 小种红茶

小种红茶中，较为著名的有正山小种、政和小种和坦洋小种等。优质的小种红茶，其条索较壮，匀净整齐，色泽乌润，具有松烟的特殊香气，滋味醇和，汤色红艳明亮，叶底呈古铜色。

反之，如果香气有异味，汤色浑浊，叶底颜色暗沉，这样的小种红茶往往都是次品。

3.红碎茶

优质红碎茶的外形匀齐一致，碎茶颗粒卷紧，叶茶条索紧直，片茶皱褶而厚实，末茶成沙砾状，体质重实；碎茶中不含片末茶，片茶中不含末茶，末茶中不含灰末；碎、片、叶、末的规格要分清；香高，具有果香、花香和类似茉莉花的甜香，要求尝味时，还能闻到茶香；茶汤的浓度浓厚、强烈、鲜爽；叶底红艳明亮，嫩度相当。凡有这些特点的红碎茶，往往都是优品。

反之，那些颜色灰枯或泛黄，茶汤浅淡，香气较低，颜色暗沉的红碎茶品质较次。

相信大家已经掌握了红茶的甄别方法，这样在选购红茶时，就不会买到不如意的红茶了。

黄茶的鉴别

人们在制作炒青绿茶时发现，由于杀青、揉捻后干燥不足或不及时，茶叶的颜色发生了变化，于是将这类茶命名为黄茶。黄茶的特点是黄叶黄汤，制法与绿茶相比多了一个闷堆的工序。

黄茶分为黄芽茶、黄大茶和黄小茶三类。下面以黄芽茶中的珍品——君山银针为例，简单介绍一下如何甄别黄茶的真假。

君山银针上品茶茶叶芽头茁壮，芽身金黄，紧实挺直，茸毛长短大小均匀，密盖在表面。由于色泽金黄，而被誉称"金镶玉"。冲泡后，香气清新，汤色呈现浅黄色，品尝起来甘甜爽口、滋味甘醇，叶底比较透明。

君山银针是一种较为特殊的黄茶，它有幽香、有醇味，具有茶的所有特性，但它更具有观赏性。君山银针的采制要求很高，例如采摘茶叶的时间只能在清明节前后7—10天内，另外，雨天、风霜天不可采摘。在茶叶本身空心、细瘦、弯曲，茶芽开口，茶芽发紫、不合尺寸、被虫咬的情况下都不能采摘。

以上是从外形甄别的方法，而这种茶的最佳甄别方法是看其冲泡时的形态。刚开始冲泡君山

优质黄茶——君山银针的干茶及茶汤

银针时，我们可以看到真品的茶叶芽尖朝上、蒂头下垂而悬浮于水面，随后缓缓降落，竖立于杯底，升升降降，忽升忽降，特别壮观，有"三起三落"之称，最后竖直着沉到杯子底部，像一柄柄刀枪一样站立，十分壮观。看起来又特别像破土而出的竹笋，绿莹莹的，实在耐看。而假的君山银针则不能竖立，从这一点很好判断出来。

茶叶之所以会竖立的原因很简单，是因为"轻者浮，重者沉"。由于茶芽吸水膨胀和重量增加不同步，因此，芽头比重瞬间产生变化。最外一层芽肉吸水，比重增大即下沉，随后芽头体积膨胀，比重变小则上升，继续吸水又下降，如此往复，浮浮沉沉，这才有了"三起三落"的现象。

除君山银针外，这种浮沉的现象在许多芽头肥壮的茶中也有出现。我们可以利用这一点来区分真假茶，以免被干茶的形态蒙骗。

 茶典、茶人与茶事

陆羽鉴水

据唐代张又新的《煎茶水记》记载，唐代宗时，湖州刺史李季卿到淮扬（今扬州）会见陆羽。他见到仰慕已久的茶圣，对陆羽说："陆君善于品茶是天下人皆知，扬子江南零水质也天下闻名，此乃两绝妙也，千载难逢，我们何不以扬子江水泡茶？"于是吩咐左右执瓶操舟，去取南零水。在取水的同时，陆羽也没闲着，将自己所用的各种茶具一一放置妥当。一会儿，军士取水回来，陆羽用勺在水面一扬，就说道："这水是扬子江水不假，但不是南零段的，应该是临岸之水。"军士辩解说道："我确实乘舟深入南零，这是有目共睹的，我可不敢虚报功劳。"陆羽默不作声，只是端起水瓶，倒去一半水，又用水勺一扬，说："这才是南零水。"军士大惊，这才据实以报："我从南零取水回来，走到岸边时，船身晃荡了一下，整瓶水晃出半瓶，我怕水不够用，这才以岸边水填充，不想却逃不过大人你的法眼，小的知罪了。"

李季卿与同来的客人对陆羽鉴水技术的高超都十分佩服，纷纷向他讨教各种水的优劣，将陆羽鉴水的技巧一一记录下来，一时成为美谈。

白茶的鉴别

由于茶的外观呈现白色，人们便将这类茶称为白茶。传统的白茶不揉不捻，形态自然，茸毛不脱，白毫满身，如银似雪。

与其他类茶叶相同，白茶也可以从外形、香气、颜色和滋味四个方面鉴别，我们现在来看一下具体的方法：

1. 外形

由外形区分白茶包含四个部分。

观察叶片的形态。品质好的白茶叶片平伏舒展，叶面有隆起的波纹，叶片的边缘重卷。芽叶连枝并且稍稍有些并拢，叶片的尖部微微上翘，且不是断裂破碎的。那些品质差的茶叶则正好相反，它们的叶片往往是人为地摊开、折叠与弯曲的，而不是自然地平伏舒展，仔细辨别即可看出。

观察叶片的净度。品质好的白茶中只有干净的嫩叶，而不含其他的杂质；那些品质不好的茶叶，里面常常含有碎屑、老叶、老梗或是其他的杂质。我们挑选时，只要用手捧出一些，手指拨弄几下就可以看出茶叶的好坏。

观察叶片的嫩度。白茶中，嫩度高的为上品。如果我们要买的茶叶毫芽较多，而且毫芽肥硕壮实，这样的茶可以称得上优品；反之，毫芽较少且瘦小纤细，或是叶片老嫩不均匀，嫩叶中夹杂着老叶，则表示这种茶的品质较差。

观察叶底。如果叶色呈现明亮的颜色，叶底肥软且匀整，毫芽较多而且壮实，这样的茶算得上是优品；反之，如果叶色暗沉，叶底硬挺，毫芽较少且破碎，这样的白茶品质往往很差。

2. 香气

拿起一些白茶，仔细嗅一嗅，通过其散发出的香味可辨别茶叶好坏。那些香味浓烈显著，且有清鲜纯正气味的茶叶可称得上是优品；反之，如果香气较淡，或其中夹杂着青草味，或是其他怪异的味道，这样的白茶往往品质较差。

3. 颜色

颜色辨别包含两个方面：一是根据叶片、芽叶的色泽判断白茶品质好坏。上品白茶的毫芽颜色往往是银白色，且具有光泽；反之，如果叶面的颜色呈现草绿色、红色或黑色，毫芽的颜色毫无光泽，或是呈现蜡质光泽的茶叶，品质一般很差。

二是根据汤色判断白茶品质好坏。上品茶冲泡之后，汤色呈现杏黄、杏绿色，且汤汁明亮；而质量差的白茶冲泡之后，汤色浑浊暗沉，且颜色泛红。

优质白茶——白毫银针的干茶及茶汤

4. 滋味

好茶自有好味道，茶味鲜爽、味道醇厚甘甜的白茶，都算得上优品；如果茶味较淡且比较粗涩，这样的茶往往都是次品。

无论是什么类型的白茶，都可以从以上四个方面来甄别，相信时间久了，大家一定会又快又准确地判断出白茶的好坏与真假。

黑茶的鉴别

现在茶市场上有许多以次充好的黑茶，价钱卖得很贵，初识茶叶的茶友们很容易被欺骗，因此，怎样辨别黑茶的真假是我们必须解决的问题。

鉴别市场上的假冒伪劣黑茶可以从以下四个方面入手：

1. 假冒品牌和年份

有些不法商贩会冒用名优标志、认证标志、许可证标志来欺瞒消费者；或是将时间较短的黑茶经过重新包装，冒充年份久远的陈年老茶。大家都知道，黑茶年份越久口感越好，这些不法商贩这样做，无疑是在投机取巧。

2. 以次充好

茶叶根据不同类型也会分几个等级，不法商贩往往将低等级的黑茶重新包装，或是掺杂到高等级的黑茶中，定一个较高的价钱，以次充好，低质高价出售，以牟取暴利。

3. "三无"产品

"三无"产品是指无标准、无检验合格证或未按规定标明茶叶的产地、生产企业等详细信息的产品。这样的"三无"茶叶，大家一定要谨慎辨别，千万不要因为贪图便宜导致买到假货。

4. 掺假

掺假并不仅仅是掺杂次等黑茶，不法商贩往往在优质黑茶中掺杂价格便宜的红茶、绿茶碎末等。其本质与以次充好一样，都是为了投机取巧，以低质的茶叶赚取高额的利润。

那么，如何从茶叶本身甄别真假呢？这就要求我们必须了解黑茶的特点，真正做到"知彼知己，百战不殆"。

黑茶的特点是"叶色油黑或褐绿色，汤色橙黄或棕红色"。因此，我们可以从外形、香气、颜色、滋味四个方面进行甄别。

外形：如果黑茶是紧压茶，那么优质茶往往都会具有这样几个特点：砖面完整，模纹清晰，棱角分明，侧面无裂，无老梗，没有太多细碎的茶叶末掺杂。而由于生产的时间不同，砖茶的外形规格都具有当时的特点，例如早前生产的砖茶，砖片的紧压程度和光洁度都比现在的要紧、要光滑。这是由于当时采用的是机械式螺旋手摇压机，压紧后无反弹现象。后来采用摩擦轮压机，茶叶紧压后，有反弹松弛现象，砖面较为松泡。

如果要甄别的是散茶，那么条索匀齐、油润则是好茶；以优质茯砖茶和千两茶为例，"金花"鲜艳、颗粒大且茂盛是优品茶的重要特征。

香气：上品黑茶具有菌花香，闻起来仿佛有甜酒味或松烟味，老茶则带有陈香。以茯砖茶和千两茶为例，二者都具有特殊的菌花香；而野生的黑茶则有淡淡的清香味，闻一闻就会令人心旷神怡。

颜色：这里提到的颜色分为两种，优品黑茶的颜色多为褐绿色或油黑色，茶叶表面看起来极有光泽。冲泡之后，优品黑茶的汤色橙色明亮。陈茶汤色红亮，如同琥珀一样晶莹透亮，十分好看；而上好野生的新茶汤色可以红得像葡萄酒一样，极具美感。

滋味：上品黑茶的口感甘醇或微微发涩，而陈茶则极其润滑，令人尝过之后唇齿仍带有其甘甜的味道。

只要我们掌握了这几种辨别黑茶的方法，就可以在今后挑选黑茶的时候，做到有效判断，不会被假货蒙蔽了双眼。

优质黑茶——生沱茶的干茶及茶汤

乌龙茶的鉴别

乌龙茶又称青茶，属于半发酵茶。其制法经过萎凋、做青、炒青、揉捻、干燥五道工序。乌龙茶的特点是"汤色金黄"，它是中国几大茶类中，具有鲜明特色的茶叶品类。

辨别乌龙茶的方法可以分为观外形、闻香气、看汤色和品滋味四种。

1. 观外形

我们可以观看茶叶的条索，细看条索形状、紧结程度，那些条索紧结、叶片肥硕壮实的茶叶品质往往较好；反之，如果条索粗松、轻飘，叶片细瘦的茶叶品质往往不佳。上好的乌龙茶色泽砂绿乌润或青绿油润；反之，那些颜色暗沉的茶叶往往品质不佳。

而不同乌龙茶的外形特点也有些许不同，例如铁观音茶条索壮结重实，略呈圆曲；水仙茶条索肥壮、紧结，带扭曲条形。

优质乌龙茶——冻顶乌龙的干茶及茶汤

2. 闻香气

茶叶冲泡后1分钟，即可开始闻香气，1.5—2分钟香气最浓鲜，闻香每次一般为3—5秒，长闻有香气转淡的感觉。好的乌龙茶香味兼有绿茶的鲜浓和红茶的甘醇，具有浅淡的花香味；而劣质的乌龙茶不仅没有香气，反而有一种青草味、烟焦味或是其他异味。

3. 看汤色

冲泡乌龙茶之后我们可以看出，上品乌龙茶的汤色呈现金黄或橙黄色，且汤汁清澈明亮，特别好看；而劣质乌龙茶冲泡之后，其汤色往往都是浑浊的，且汤色泛青、红暗。由于乌龙茶兼具绿茶和红茶的品质特征，其叶底为绿叶红镶边，颜色极其艳丽，边缘颜色以鲜红色为佳。

4. 品滋味

上品乌龙茶品尝一口之后，顿时觉得茶汤醇厚鲜爽，味道甘美灵活；而劣质乌龙茶冲泡之后，茶汤不仅味道淡薄，甚至伴有苦涩的味道，令人难以下咽。

说到乌龙茶，不得不说一说乌龙茶中的名品——武夷大红袍。大红袍有三个等级，即特级、一级、二级。三种级别的大红袍有着各自不同的特点，分别如下所述：

特级大红袍：外形上条索匀整、洁净，叶片色泽带宝色或油润，香气浓长清远，滋味岩韵明显、味道醇厚甘爽，汤色清澈、艳丽，呈深橙黄色，叶底软亮匀齐、红边或带朱砂色，且杯底留有香气。

一级大红袍：外形上也会呈现紧结、壮实、稍扭曲的特点，叶片色泽稍带宝色或油润，整体较为匀整。香气浓长清远，滋味岩韵明显，味道醇厚，回甘快。但是，这些特点却不如特级大红袍明显。一级大红袍汤色则较为清澈、艳丽，呈深橙黄色，叶底较软亮匀齐、红边或带朱砂色，且杯底有余香。

二级大红袍：在外形、色泽、香气等方面都远不如前二者。但味道品尝起来，仍带有岩韵，滋味也比较醇厚，回甘快。

总体来说，乌龙茶的辨别方法不难，只要我们牢记乌龙茶的特点，就不会在下一次购买时吃亏了。

花茶的鉴别

自古以来，茶人对花茶就有"茶引花香，以益茶味"的说法。由此看来，花茶既具有茶叶的爽口浓醇之味，又具有鲜花的纯清雅香之气，故而饮花茶不仅可以起到解渴享受的作用，更带给人一种两全其美、沁人心脾的美感。

我们选购花茶时，可以从以下四个方面入手：

1. 外形

品质好的花茶，其条索往往是紧细圆直的；如果花茶的条索粗松扭曲，其品质往往较差。并且，好茶中并无花片、梗柄和碎末等，而次茶中常含有这些杂质。

2. 颜色

好花茶色泽均匀，以有光亮的为佳；反之，如果色泽暗沉，往往品质较差，或者是陈茶。

3. 重量

我们在购买花茶时，可以随便抓起一把茶叶，在手中掂掂重量。品质较好的花茶较重；而那些重量较轻、较虚浮的则是次品。

4. 味道

由于花茶极易吸附周围的异味，因此，我们可以按照这一特点甄别茶叶好坏。抓一把花茶深嗅一下，辨别花香是否纯正，其中是否含有异味。品质较高的花茶茶香扑鼻，香气浓郁；而那些香气不浓或是其中夹杂异味的茶叶往往都是次品。

花茶也划分了五个等级：一级花茶条索紧细圆直匀整，有锋苗和白毫，略有嫩茎，色泽绿润，香气鲜灵浓厚清雅；二级花茶条索圆紧均匀，稍有锋苗和白毫，有嫩茎，色泽绿润，香气清雅；三级花茶条索较圆紧，略有筋梗，色泽绿匀，香气纯正；四级花茶条索尚紧，稍露筋梗，色泽尚绿匀，香气纯正；五级花茶条索粗松有梗，色泽露黄，香气稍粗。这些特点可以让我们在购买花茶时不易选购次品。

优质花茶——碧潭飘雪的干茶及茶汤

好器沏好茶

俗话说"好马配好鞍"，同样，好器自然沏好茶。无论茶叶味道如何美，倘若盛放的器具不对或是质量稍差，那么也无法做到与之契合。茶具不仅是简单的器皿，更是茶与生活的一个美丽衔接。我们应如何在种类繁多的茶具中挑选出既造型优美，又实用耐用的茶具，这正是本文要解答的问题。

入门必备的茶具

对于一个初入茶领域的茶友来说，对一切都会觉得陌生，尤其是走进茶具店，看着琳琅满目的茶具，一定会感到迷茫。下面我们就介绍几种新手入门必备的茶具，以供初学者参考。

1. 茶壶

茶壶是一种供泡茶和斟茶用的带嘴器具，也是新手入门必备的茶具之一。其作用主要用来泡茶，也有直接用小茶壶泡茶独自饮用的。茶壶的基本形态有几百种，可谓五花八门，形状样式千奇百怪。茶壶的质地也较多，而多以紫砂陶壶或瓷器茶壶为主。

2. 茶杯

茶泡好后，需要盛放在茶杯中准备饮用。不同的茶可以用不同的茶杯盛放，其材质有玻璃、瓷等几种。茶杯的种类、大小应有尽有。需要注意的是，茶杯的内壁最好是白色或浅色的，如果选用玻璃制成的品茗杯也可。

3. 盖碗

盖碗又称"三才杯"，由杯托、杯身、杯盖构成，蕴含着"天盖之、地载之、人育之"的意思。盖碗有许多种类，例如玻璃盖碗、白瓷盖碗和陶制盖碗等，其

茶壶

茶杯

盖碗

茶荷　　　　　　公道杯　　　　　　随手泡　　　　　杯托

中以白瓷盖碗最常见。近年来，玻璃盖碗开始在茶市场中流行起来，人们主要用它来冲泡绿茶。

4. 茶荷

茶荷又名赏茶荷，是一种置茶用具，用来盛装要沏泡的干茶。茶荷按质地分，有竹、木、瓷、陶等。一般以白瓷为多见，因其可以更加清晰地观察到茶叶的外形和色泽。也有竹制的，比较美观、大方。按外形分，有各种各样的形状，如圆形、半圆形、弧形、多角形等。正因如此，茶荷才显得既实用又美观。

5. 公道杯

公道杯的主要功能是使每位客人杯中的茶汤浓度相同，做到毫不偏颇，名字想必也是因此得来。公道杯按材质分，有玻璃、白瓷、紫砂等。玻璃和白瓷最常使用，最大的优点是可以观察茶汤的色泽和品质。使用时，只需将茶汤慢慢倒入公道杯中，保持汤的浓淡，这样有助于随时为客人分饮。

6. 随手泡

随手泡又称煮水器。煮水是泡茶过程中重要的程序之一，掌握煮水的技巧以及如何控制水温是泡出一杯成功茶汤的关键。因此，随手泡对新手而言也是必备的重要茶具之一。随手泡有铝、铁、玻璃等材质，由于现今科技日益发达，市场上多了许多类型，例如电热铝制电磁炉煮水器、酒精玻璃壶煮水器、电磁炉煮水器、铁壶煮水器等。

7. 杯托

杯托是在奉茶时用来盛放茶杯或是垫在杯底防止茶杯烫伤桌面的器具。杯托按形状分，有长方形、圆形等几种；按材质分，主要有竹、木、瓷、布艺等几种。并且，不同质地的杯托用于放置不同的玻璃杯。例如，竹、木、瓷制杯托主要用于放置瓷杯或陶杯；布艺杯托多用于放置玻璃杯。

| 茶道具 | 茶巾 | 茶叶罐 | 茶盘 |

8. 茶道具

茶道具被人们称为"茶艺六君子"，它们分别是茶匙、茶针、茶漏、茶夹、茶则、茶筒，每个道具都有各自不同的用处。茶道具常用黑紫檀、铁梨木、竹等材质制成，其中以紫檀木制成的道具最佳。

9. 茶巾

茶巾是用来擦拭壶壁、杯壁的水渍或茶渍的茶具。市场上常见的茶巾通常由棉布和麻布制作，吸水性比较强。茶巾完全依照个人的喜好以及茶桌颜色来决定，并没有太多要求。另外，使用茶巾之后应及时用清水清洗，避免细菌滋生。

10. 茶叶罐

茶叶罐是用来存放茶叶的器具，又称茶仓。茶叶罐多为紫砂、瓷、锡、纸、玻璃等材质所做。不同茶叶应选用不同质地的茶叶罐，例如普洱茶最好选用紫砂茶罐储存；绿茶最好选用锡罐储存；而花草茶外形美观，可选用观赏性较强的玻璃罐储存。

 茶典、茶人与茶事

茶具的历史

中国最早关于茶的记录是在周朝，当时并没有茶具的记载。而茶具是茶文化不可分割的组成部分，汉代王褒的《僮约》中，就有"烹茶尽具，已而盖藏"之说，这是我国最早提到"茶具"的史料。此后历代文学作品及文献多提到茶具、茶器、茗器。

到了唐代，皮日休的《茶中杂咏》中列出茶坞、茶人、茶笋、茶籝、茶舍、茶灶、茶焙、茶鼎、茶瓯、煮茶十种茶具。陆羽在其著作《茶经》的"四之器"中先后共涉及多达24种不同的煮茶、碾茶、饮茶、贮茶器具。

中国的茶具种类繁多，制作精湛，从最初的陶制到之后的釉陶、陶瓷、青瓷、彩瓷、紫砂、漆器、竹木、玻璃、金属，无论是茶具材质还是制作工艺，茶具都经历了由粗渐精的发展过程。

11. 茶盘

茶盘主要用于放置茶具，或用于盛接凉了的茶汤或废水，常见的茶盘主要是由竹和木质材料制成。一般茶盘大小主要由喝茶人数及茶具决定，如果喝茶的人数少或是茶具较少，可选用小一点儿的茶盘；如果喝茶人数多或是茶具较多，则可选用大一点儿的茶盘。

以上为入门必备的茶具，有了这几样，不管我们是不是第一次泡茶，都不需要再为五花八门的茶具而迷茫苦恼了。

茶具的分区使用

茶具按照功能划分，可分为主茶具和辅助茶具两大类，并分区使用，操作起来比较方便。

1. 主茶具

主茶具包括茶壶、茶船、茶杯、茶盅、盖碗、杯托等几种。

主茶具组合图

*茶壶

仅有好茶而没有好茶壶是不行的，否则无法使茶的精华展现出来。茶壶的种类繁多，样式也是五花八门，但一个好茶壶所需要的不仅是精致的外观、匀滑的质地，相对来说还要更实用一点儿才好。因此，挑选茶壶有以下几个讲究：

茶壶

茶船

首先，茶壶一定不要有泥味和杂味，否则冲泡之后的茶汁会沾染异味，影响茶汤品质；其次，保温效果一定要好，可以减少热量流失；再次，茶壶的壶盖与壶身要密合，壶口与出水的嘴要在同一水平面上，壶身宜浅不宜深，壶盖宜紧不宜松，壶嘴的出水也要流畅；最后，茶壶的质地一定要与所冲泡的茶叶相称，这样才能将茶叶的特性发挥得淋漓尽致。

*茶船

茶船是用来放置茶壶的器具，有了它既可以增加茶具的美观，又能防止茶壶因过热而烫伤桌面。有的时候，茶船还有"湿壶""淋壶"之用：在茶壶中加入茶叶，冲入沸水，倒入茶船后，再由茶壶上方淋沸水以温壶，淋浇的沸水也可以用

| 茶杯 | 茶盅 | 盖碗 | 杯托 |

来洗茶杯。

＊茶杯

茶杯是用于盛放泡好的茶汤并在饮用时使用的器具，其种类、大小应有尽有。大体上分为以下六种：敞口杯、翻口杯、直口杯、收口杯、把杯和盖杯。喝不同的茶用不同的茶杯，或根据茶壶的形状、色泽选择适当的茶杯，搭配起来也颇具美感。

＊茶盅

茶盅有壶形盅、无把盅、简式盅三种，其作用主要用于分茶。当茶汤的浓度适宜后，将茶汤倒入茶盅内，再分别倒入几个茶杯之中，以求茶汤浓度均衡。

＊盖碗

盖碗也称盖杯，由茶碗、碗盖和茶托三部分组成。可以单个使用，也可以泡饮时合用，因情况而决定。

＊杯托

杯托可以分为盘形、碗形、圈形和高脚形四种。杯托垫在茶杯底部，虽是不起眼的小物件，却起着很大的作用，不仅美观，还可以起到隔热的作用。

2. 辅助茶具

＊茶盘

茶盘是用来放茶杯或其他茶具的盘子，以盛接泡茶过程中流出或倒掉的水，也可以用作摆放茶杯的盘子。茶盘有塑料制品、不锈钢制品，形状有圆形、长方形等多种。

＊茶荷

茶荷是将茶叶由茶罐移至茶壶的用具，除了具有置茶的功用，还具有赏茶功能。茶荷多数为竹制品，既实用又可当艺术品，一举两得。如果没有茶荷，我们也可以采用质地较硬的厚纸板折成茶荷形状即可。

＊茶则

在茶道中，把茶从茶罐中取出置于茶荷或茶壶时，需要用茶则来置取。茶则现在多以铜、铁、竹为材料加工而成。

＊茶匙

茶匙的形状像汤匙，也因此而得名，其主要用途是挖取茶壶内泡过的茶叶。由于茶叶冲泡过后会紧紧塞满茶壶，而且一般茶壶的口都不大，用手挖出茶叶既不方便也不卫生，所以人们常使用茶匙。

＊茶针

茶针的功用是疏通茶壶的内网，以便水流畅通。

＊茶巾

茶巾的主要功用是干壶，在酌茶之前将茶壶或茶船底部的水擦干，也可擦拭滴落在桌面的茶水。

＊茶叶罐

储存茶叶的罐子，最好密闭不透光，且没有异味，常见的茶叶罐材质有马口铁、不锈钢、锡合金及陶瓷等，因不同茶叶类型而酌情选用。

＊茶漏

在置茶时将茶漏放在壶口上，以导茶入壶，防止茶叶掉落壶外。

| 茶盘 | 茶荷 | 茶则 | 茶匙 | 茶针 |

| 茶巾 | 茶叶罐 | 茶漏 | 茶夹 |

＊茶夹

可将茶渣从壶中夹出，人们还用它来夹着茶杯清洗，既防烫伤又干净卫生。

＊煮水器

煮水的器具，品种样式较多，可根据具体情况购买。

＊茶筒

盛装茶具的器具，里面放置茶匙、茶针、茶漏、茶夹、茶则。

＊茶导

用来拨取茶叶的器具。

＊养壶笔

外形像又短又粗的毛笔，笔把的造型多种多样，多为竹木雕刻制成，可以用来刷养壶与茶宠。

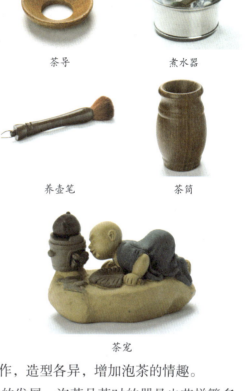

茶导　　　　　煮水器

养壶笔　　　　茶筒

＊茶宠

茶宠

茶宠，亦是茶玩，多数使用紫砂泥制作，造型各异，增加泡茶的情趣。

以上为几种常见的茶具，随着茶文化的发展，泡茶品茶时的器具也花样繁多。当我们了解了茶具的方法以及特性时，在今后泡茶品茶的过程中，一定也会用得得心应手。

如何选购茶具

一个爱茶之人，不仅要会选购品质好的茶叶，更要会挑选好茶具。选用好茶具，除了讲究茶具的外形美观和使用价值，还要力求最大限度地发挥茶具的特性。因此，选好茶具就显得尤为重要了。

选购茶具首先要从所冲泡茶的种类、茶的老嫩程度、色泽以及品茶人群四个方面考虑，这样才能做到物有所值，不会让茶的味

为了适应不同场合、不同条件、不同目的的茶饮过程，茶具的组合和选配要求是各不相同的

道欠缺。

1. 根据茶的种类

茶叶种类不同，所用的茶具也有讲究。冲泡花茶时通常使用瓷壶，饮用时使用瓷杯，茶壶的大小根据人数的多少来确定；南方人喜爱的炒青或烘青绿茶，冲泡时大多使用带盖的瓷壶；冲泡乌龙茶时，适宜使用紫砂茶具；冲泡工夫红茶及红碎茶时，通常使用瓷壶或紫砂壶；冲泡西湖龙井、洞庭碧螺春、君山银针等名茶时，为了增加美感，通常使用无色透明的玻璃杯。

> 茶具的选配一般有"特别配置""全配""常配""简配"四个层次。

2. 根据茶的老嫩程度

我国民间有"老茶壶泡，嫩茶杯冲"这一说法，也就是说，用茶壶冲泡老茶，而用杯子冲泡嫩茶。这是因为较粗老的茶叶，用壶冲泡，可保持热量，有利于茶叶中的水浸出物溶解于茶汤，提高茶汤中的营养成分；另外，较粗老茶叶没有艺术观赏价值，用来敬客，有失雅观，用茶壶泡则可避免失礼之嫌。而细嫩的茶叶，用杯冲泡，一目了然，可收到物质享受和精神欣赏的双重效果。

3. 根据色泽

根据色泽选购主要是茶具间外观颜色要相称，另外茶具要与茶叶的色泽相配。饮具的内壁通常以白色为宜，这样可以真切地反映茶汤的色泽与纯净度。在观赏茶艺、品鉴茶叶时，还应该多加留意，同一套茶具里的茶壶、茶盅、茶杯等的颜色应该相配，茶船、茶托、茶盖等器具的色调也应该协调，这样才能使整套茶具如同一个不可分割的整体。如果将主茶具的色调作为基准，然后用同一色系的辅助用品与之相搭配，则更是天衣无缝。

4. 根据品茶人群

不同的人有着不同的性格，而不同性格的人各有其偏好的茶具类型。例如，性格开朗的人比较喜欢大方且有气度、简洁而明亮的造型；温柔内向的人，偏爱做工精巧、雕琢细致繁复而多变的茶壶。除此之外，由于年龄、职业的不同，人们对茶具也有着不同的需求。例如，年轻人常常以茶会友，自然会拿出精致美观的茶具以及上好的茶叶来待客，因此，他们常常用茶杯冲泡茶；而老年人喝茶重在精神享受，他们更喜欢在喝茶的时候品味茶韵，因此，他们适合用茶壶泡茶，慢慢品饮，实在是一种人生享受。职业不同，人们对茶具的选择也不相同。例如文化人喜欢在壶中加入茶文化的内涵，其中也包括诗词铭文、书画的镌刻；做生意的人则适合福寿壶、元宝壶以及金钱壶等。

除了从以上四个方面考虑，还可根据实际情况考虑要购买何种茶具。例如，茶具宜小不宜大，因为大的茶具装水会比较多，热量自然很大，这样往往容易将茶叶烫透，影响茶汤的色泽及香气，还会产生一种"熟汤味"，如果用这样的茶叶待客，自然会有失主人的泡茶水准。

品茶既是一种对生活的享受，又是一种对艺术的追求。因而，我们需要挑选适合自己的茶具，这样才能在品尝茶味、享受生活的同时，也不使茶失去自身的艺术美感。

杯子与茶汤的关系

喝茶会用到各种各样的杯子，而用不同的杯子泡出的茶汤也会有所不同，杯子和茶汤是分不开的。杯子与茶汤这种密不可分的关系主要体现在三个方面：杯子深度、杯子形状和杯子颜色。

杯子深度。杯子的深度影响茶汤的颜色，为了让客人能正确判断茶汤的颜色，一般来说，小型杯子最适合容水深度为25厘米，并且杯底有足够的面积，如果是斜度很大的盏形杯，杯底的面积变得很小，虽然杯子的深度已达标准，但由于底部太小，显现不出茶汤应有的颜色。如果是外形较大的杯子，其呈现茶汤的颜色比小型杯相对好分辨一些，但也要注意容水深度。

杯子形状。杯子的形状有鼓形、直筒形和盏形等。如果杯子是缩口的鼓形，就需要举起杯子，倾斜很大的角度，喝茶时必须仰起头才能将茶喝光；如果是直筒形的杯子，就必须倾斜至水平以上角度，才能将茶全部倒光；如果是敞口、缩底的盏形杯子，就比较容易喝，只需要稍微倾斜一下，就可以将茶汤全部喝光。

杯子颜色。杯子的颜色影响茶汤的颜色，主要是指杯子内侧的颜色。若是深颜色杯子，如紫砂和朱泥的本色，茶汤的真正颜色是无法显现出来的，这时就没办法欣赏到茶汤真正的颜色。相对来说，白色最容易显现茶汤的色泽，但必须"纯白"才能正确地显现茶汤的颜色，如果是偏青的白色又叫"月白"，则茶汤看起来就会偏绿；如果是偏黄的白色又叫"牙白"，则茶汤看起来会偏红。同时，可以利用这种误差来加强特定茶汤的视觉效果，如用月白的杯子装绿茶，茶汤会显得更绿；用牙白的杯子装红茶，茶汤会显得更红。而如果想欣赏到真正的茶汤颜色，用透明的杯子是最好的。

所以说，冲泡茶前准备茶具的过程也是相当重要的，其会直接影响茶的欣赏和品饮。

冲泡器质地与茶汤的关系

我们说冲泡茶的茶具有很多种，这么多种茶具其质地也有不同，如有紫砂、玻璃、陶瓷、金属等，用不同质地的茶具冲泡出的茶汤也会有不一样的味道。

1. 选用冲泡器的材质

如果你冲泡的茶属于比较清新的茶，例如我国台湾的包种茶，你就要选择散热速度较快的冲泡器，如玻璃杯、玻璃壶等；如果你冲泡比较浓郁的茶，如祁门红茶等，就要选择散热速度比较慢的冲泡器，如紫砂壶、陶壶等。

2. 冲泡器的质量

冲泡器的质量直接影响茶的口感。比如我们上面提到的紫砂壶、陶壶、玻璃壶、瓷壶等，这些茶具所用材料的稳定性必须高，最重要的是不能有其他成分释出在茶汤之中，尤其是有毒的元素。同时包括茶具材料的气味，质量好的茶具所用材料会增加茶叶本身的香气，有助于茶汤香味的释放；而不好的材料不但不会增加茶香，还会直接干扰茶汤的品饮。

3. 冲泡器材质的传热速度

一般来说传热速度快的壶，泡起茶来，香味比较清扬；传热速度慢的壶，泡起茶来，香味比较低沉。如果所泡的茶，希望让它表现得比较清扬，如绿茶、清茶、香片、白毫乌龙、红茶，那就用密度较高、传热速度快的壶来冲泡，如瓷壶；如果所泡的茶，希望让它表现得比较低沉，

冲泡器质地与茶汤质量有一定关系

如铁观音、水仙、佛手、普洱，那就用密度较低、传热速度慢的壶来冲泡，如陶壶。

金属器里的银壶是很好的泡茶用具，密度、传热比瓷壶还要好。用银壶冲泡清茶是最合适不过的。因为清茶最重清扬的特性，而且香气的表现决定品质的优

劣，用银壶冲泡会把清茶的优点淋漓尽致地表现出来。这就是我们说冲泡器的材质直接影响茶汤的风格，同样的茶叶，为什么有的高频、有的低频，这就是冲泡器材质密度及传热速度的缘故。

4. 调搅器的材质

调搅器是冲泡末茶的常用器具，虽然其材质不会直接影响茶汤的质量与风格，但散热速度慢的调搅器更有助于搅击的效果。所以打末茶的茶碗，自古一直强调碗身要厚，甚至有人故意将碗身的烧结程度降低，求其传热速度慢，然后内外上釉以避免高吸水性。

茶具的清洗

长期喝茶的人一定会面临一个烦恼，那就是茶具的清洗问题。如果我们每次喝完茶之后，都把茶叶倒掉，并用清水冲洗干净茶具，那么茶具就会保持明亮干净的样子。

茶具使用时间一长，其表面很容易沾上一层茶垢。有些茶友以茶垢为"荣"，证明自己很爱茶，甚至干净的茶具不用，反而用那些茶垢很厚的茶具，这种想法与做法都是错误的。相关资料表明，没有喝完或存放较长时间的茶水，暴露在空气中，茶叶中的茶多酚与茶锈中的金属物质在空气中发生氧化作用，便会生成茶垢，并附着在茶具内壁，而且越积越厚。有人曾对茶垢进行抽样化验，发现茶垢中含有致癌物，如亚硝酸盐等。当人们使用带有茶垢的茶具时，部分茶垢会逐渐进入人体，与人体中的蛋白质、脂肪酸、维生素等物质结合，变成许多有毒物质，从而危及健康。

因此，去除茶垢，及时清洗茶具成了人们必须解决的问题。那么，究竟该如何清洗呢？有许多人习惯用硬质的刷子或是粗糙的工具来清洗，认为这样会洗得干净，可这样清洗之后，茶具的情况往往会更糟糕。茶具表面都有一层釉质，如果经常这样刷洗，只能让釉质变得越来越薄，最终茶汤渗入茶具中，时间久了就变成茶垢，也就越来越难清洗了。

正确的方法其实不难。我们除了要保持喝完茶就冲洗茶具的习惯外，还可以采取以下的小方法去除茶垢。挤少量牙膏涂抹在茶具表面，过几分钟之后再用清水冲洗，这样茶垢就很容易被清除干净了。

除了牙膏去除茶垢的方法，还可以用水煮法清洗茶具。有些人会发现，刚买的茶具有泥土味，上面还有蜡质，这个时候就需要用水煮法去除。水煮法很简单，首先取一个干净无杂味的锅，把壶盖与壶身分开置于锅底，向锅中倒入清水，没过壶身，再用文火慢慢加热至沸腾。等到水沸腾之后，拿一些较为耐煮的茶叶投入继续熬煮，几分钟之后捞出茶渣，里面的茶具仍继续小火慢炖。30分钟左右，将茶具从锅中取出，任其自然转凉，切忌用冷水冲洗。等到茶具转为正常温度时，再用清水冲洗即可。

以上简单介绍了茶具的清洗方法，大家可以尝试一下。

茶具的保养

人们常说："玉不琢不成器，壶不养不出神。"其实不仅茶壶，每个茶具都应该认真保养，这样才可以延长其使用寿命。

保养茶具之前首先要将表面的油污、茶垢等清除干净，一旦沾油必须马上清洗，否则泥胎吸收油污后会留下难以清除的痕迹。有些人不拘小节，常常在不用茶具的时候用它们来盛放其他东西，例如汤、油等液体，这样做简直等于毁了茶具。因此，茶具切忌盛装其他液体，如果已经存放过，应及时清除。

保养茶具主要在于"养"，我们可以选择采用绿茶养茶具。选择的茶叶以当年产新茶为佳，茶叶的等级要高，而且越是精品的茶具，越要选择上等的茶叶，这样才能使茶具充分吸收茶香。

选择好茶叶之后，我们需要经常泡茶保养茶具。因为，泡茶次数越多，茶具吸收的茶汁就越多，吸收到某一程度，就会透到茶具表面，使之发出润泽如玉的光芒。泡茶结束之后，要将茶渣清除干净，以免产生异味。需要注意的是，这里所提到的勤泡茶并不是指连续不断地泡茶，当泡一段时间之后，需要让茶具休息，这样才能在再次使用时进一步吸收茶香。

在饮茶的过程中也可以保养茶具，我们可以准备一块干净的茶巾或棉布，来回擦拭壶体，使茶汁均匀地渗入壶体。也有人先冲出一泡较浓的茶汤当"墨汁"，再以养壶笔蘸此茶汤，反复均匀涂抹于壶

紫砂壶的保养方法比较讲究，无论是新壶还是旧壶，都应经常清洁壶面，并常用手或柔软的布料擦拭，这样有利于焕发紫砂泥质的滋润光滑，使手感变得更好。

身，借以提高其接触茶汤的时间与频率。泡茶冲至无味后，应将茶渣去净，用热水将壶内壶外刷洗一次，置于干燥通风处，并将壶盖取下，以利风干。

我们经常养护茶具，自然会换来茶具表面越来越温润的光泽以及愈加香醇的茶味，这无疑是一种人与茶具之间的情感互动。如此日久天长，每个茶友都可以与茶具倍加亲近，真正地在泡茶品茶中怡情养性，体悟点点滴滴的生活之美。

水如茶之母

"水如茶之母"，茶借水而发，无水不可论茶，茶色、茶香、茶味都需要通过水来体现。也可以说，水是茶的载体，同时水承载了茶文化的意味与底蕴。所以，若要泡好茶，择水便理所当然地成为饮茶艺术中的一个重要组成部分。

好水的标准

从古至今，人们判定好水的标准很不一致，但大体来说，它们还是有许多共同之处的。现代茶道认为，"清、轻、甘、冽、活"五个要素都具备的水，才能称得上好水。

1. "清"

"清"是指水的品质，古人择水，重在"山泉之清者"，水质一定要清。"清"是相对于"浊"来说的，我们都知道，饮用水应当质地洁净，这是生活中的常识，泡茶之水更应以"清"为上。水清则无杂、无色、透明、无沉淀物，最能显出茶的本色。为了获取清洁的水，除注意选择水源外，爱水之人还创造了很多澄水、养水的方法，比如"移水取石子置瓶中，虽养其味，亦可澄水，令之不淆"。因此，清明不淆的水也被人称为"宜茶灵水"。

2. "轻"

"轻"是指水的品质。关于"轻"字，还有这样一个典故：清朝乾隆皇帝也是一个资深茶人，对茶水品质颇有研究。乾隆每次出巡时必带一只精致银斗，为的就是检测各地的泉水，按水的轻重依次尝试泡茶，而后得出结论为"水轻者泡茶为佳"。

"轻"是相对"重"而言的，古人说的水之轻重，就是我们今天说的软水和硬水。水的比重越大，说明溶解的矿物质越多。硬水中含有较多的钙、镁离子和铁盐等矿物质，能增加水的重量。用硬水泡茶，茶汤发暗，滋味变淡，有明显的苦涩味，重量如果超过一定标准，水就具有毒性，必然不能被人饮用。因此，择水要以"轻"为美。

3. "甘"

"甘"是指水的味道要甘，水一入口，舌尖顷刻便会有甜滋滋的美妙感觉。咽下去后，喉中也有甜爽的回味，用这样的水泡茶自然会增加茶之美味。

宋代蔡襄在《茶录》中提到"水泉不甘，能损茶味"，说的就是泡茶之水要"甘"，只有水"甘"，才能出"味"。因此，古人多要求泡茶之水重"甘"。

4. "冽"

"冽"即冷寒之意，是指水温。古人云："冽则茶味独全。"明代茶人认为："泉不难于清，而难于寒。"也就是说，寒冽之水多出于地层深处的泉脉之中，没有被外界污染，泡出的茶汤滋味纯正，所以古人才会选择寒冽之水泡茶。

5. "活"

"活"是指水源。"流水不腐，户枢不蠹"，经常流动的水才是好的水，用《茶经》上的原话来讲，即"其水，用山水上，江水中，井水下。其山水，拣乳泉、石池漫流者上"。除此之外，宋代唐庚《斗茶记》中的"水不问江井，要之贵活"，无独有偶，北宋苏东坡《汲江煎茶》一诗中也提到："活水还须活火烹，自临钓石取深清。大瓢贮月归春瓮，小杓分江入夜瓶。"这些诗文都说明了一个问题：宜茶水品贵在"活"。

不仅是古代，现代人也用科学证明了活水的优点及作用：活水有自然净化作用，在流动的活水中细菌不易大量繁殖，且氧气和二氧化碳等气体的含量较高，泡出的茶汤特别鲜爽可口。因此，无论古人还是今人，都喜欢选用活水来泡茶。

"清、轻、甘、冽、活"，只要我们记住好水的这五个特点，就一定会泡出茶的美味来。

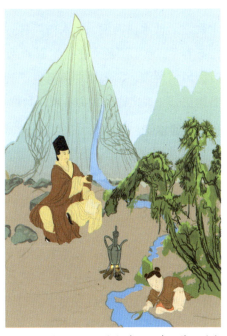

张又新，唐朝人，一生颠沛，尤嗜饮茶，对煮茶用水颇有心得，著有《煎茶水记》

宜茶之水

我们已经知道了好水的标准，那么究竟哪些水算得上是好水，并且可以用来泡茶呢？古人与今人从不同的地点取水，大体上可归纳如下：

1.天水

天水即大自然中的雨、露、雪、霜等。古人认为，天水是大自然赐予的宝贵水源，他们一直认为这几类水是泡茶的上乘之水。在古时，空气没受过污染，因此雨、露、雪、霜等都比较干净，也常被人们饮用。

雨水

＊雨水

现代研究认为，雨水中含有大量的负离子，有"空气中的维生素"之美称。因此古人发出这样的赞叹："阴阳之和，天地之施，水从云下，辅时生养者。"

但雨水也有讲究，不是任何季节的雨水都是可以饮用的。明代屠隆《考槃馀事·择水》中记载："天泉，秋水为上，梅水次之。秋水白而冽，梅水白而甘。甘则茶味稍夺，冽则茶味独全。故秋水较差胜之。春冬二水，春胜于冬，皆以和风甘雨，得天地之正施者为妙。唯夏月暴雨不宜，或因风雷所致，实天地之流怒也。"也就是说，秋天的雨水比较好，而春与冬相比，春雨更好一些，这是因为春雨得自然界春发万物之气，用于煎茶可补脾益气。

＊雪水

雪水历来被古代茶人推崇。我国四大名著之一《红楼梦》中就不吝笔墨地描述妙玉取用梅花上的雪水来泡茶待客的片段，可见当时人们对雪水的看重。另外，白居易也作诗赞道："融雪煎香茗，调酥煮乳糜。"

＊露水

据说古时候有钱人家常常会派下人采集露水，他们在清晨太阳出来之前带着竹筒等器具，一滴滴地收集草木上的露水，因为古人认为，太阳出来前的水属阴性，冲出来的茶香气扑鼻、入口脆爽柔滑。

如果我们也想用露水泡茶，那么一定要先经过处理才可以。我们可以将露水

山泉水

装在容器中静置几天，再取用中上层的露水，这样的露水也不错。

2. 地水

地水是指大自然中的山泉水、江河湖水以及地下水等。

＊山泉水

陆羽认为，用山泉水泡茶最佳，因为山间的溪流大多出自有岩石的山峦，山上植被繁茂，从山岩断层细流汇集而成的山泉，富含各种对人体有益的微量元素。而经过砂石过滤的泉水，水质清净晶莹，含氯、铁等化合物极少，用来泡茶极其有益。因此，山泉水可算得上是水中的上品。

＊江河湖水

江、河、湖水均为地表水，因常年流动，所以其中所含的矿物质较少，自然较山泉水差些。而且有的地方污染较为严重，通常含杂质较多，浑浊度大，尤其靠近城镇之处，更易受污染。但在远离人口密集的地方，污染物较少，且水是常年流动的，这样的江、河、湖水经过澄清之后，也算得上是沏茶的好水。

＊地下水

深井水和泉水都属于地下水。地下水溶解了岩石和土壤中的钠、钾、钙、镁等元素，具有矿泉水的营养成分。因此，若能过滤得好，也可以称得上是泡茶好水。

3. 经过加工的水

＊自来水

除了天水和地水，现代人还常用自来水泡茶，既方便又价格低廉。自来水一般都是经过人工净化、消毒处理过的江河水或湖水。虽然带有氯气味，但我们可以提前将自来水盛放到容器中静置一昼夜，等氯气慢慢消散了之后，再用来泡茶即可。

＊矿泉水

一般来说，用山泉水泡茶是最好的选择，但如果条件有限，用市场上卖的矿泉水也可以。用矿泉水泡出的茶，茶叶颜色偏深一点，说明矿物质含量高，对于身体而言，矿泉水里的成分比山泉水更好，更有益于人体健康。

现在市面上流行四种水质，即纯净水、矿物质水、山泉水和矿泉水。需要注意的是，就水质而言，国家只对纯净水和矿泉水制定了标准，山泉水和矿物质水都没有严格的标准。说得直白一些，纯净水就是由自来水高度过滤得到的；矿物质水就是纯净水添加了一些人工矿物质；山泉水是地表水；矿泉水是有矿岩层的地下水。我们在购买时一定要注意区分。

利用感官判断水质的方法

那些经常饮茶的人只需喝一口茶就能知道泡茶的水究竟好不好，让初学者常常为之感叹。其实，他们只是利用感官和多年的饮茶经验来判断水质，只要我们掌握了其中方法，也可以轻松判断出水质的好坏。

那么，怎样才能判断出一杯水中是否含有余氯以及水的软硬程度呢？

首先，我们可以准备三杯水，第一杯水中尚存在余氯，导电度在 50 以内；第二杯无色无味无余氯，导电度也在 50 以内；第三杯无色无味无余氯，但导电度在 300 左右。需要注意的是，这三杯水的温度最好相差不多，这样才能得到较为准确的答案。

选取这三种水的方法也很简单，含有余氯的软水可以从只经过逆渗透，并没有经过活性炭过滤的自来水中获得；低硬度的水可以从过滤后的水中获得；而高硬度的水通过在软水中加入少量食盐即可获得，但添加的量一定要把握好，不能让自己尝到咸味。

然后，我们需要仔细品饮这三杯水在口腔中的感受。导电度在 50 度以内的水质比较软，因此，前两杯水都属于软水，在口腔中可以毫无阻碍地与口腔内壁贴合，感觉十分舒服；而导电度在300左右的水质偏硬，在口腔中会感觉十分不舒服，与前者的感觉相差很大。我们完全可以记住这种感觉，今后便可轻松地判断出水质的软硬程度了。

至于余氯方面，那些有余氯的水与没有余氯的水相差很大。无余氯的水质尝起来比较清爽；而有余氯的水正好相反，在口腔中很容易被辨别出来。

掌握以上方法，我们就可以轻松判断水质的软硬及有无余氯，多尝试几次之后，相信即便是初学者也能学会利用自己的感官进行判断了。

改善水质的方法

有些时候，我们准备的泡茶用水品质比较一般，那么就需要改善水的品质。

改善水质的方法其实就是针对改善其缺点而言，水的缺点主要有杂色杂气、含氧量少、存在细菌以及硬度较高。那么以下的方法便是应对这几个缺点的。

1. 杂色杂气

取用的水，并不一定是澄澈透明的，有时会混有杂气，如氯气等。这时，如果要将余氯等杂味与其他杂色去除，最简便的方法就是装设活性炭滤水器。活性炭滤水器可以有效地去除水中的杂味和杂色。在选购的时候，我们需要注意，滤水器的滤芯不能太小，否则会过滤不干净。与逆渗透等过滤器同时装设时，应装于滤程的最后阶段，以便余氯等消

初水与好水的比较

毒药剂继续抑制滤程中细菌的生长。滤水器有各种各样的型号，我们可根据自己的家庭环境以及各自的需要进行选择。

2. 含氧量少

泡茶水含氧量高，茶汤味道才会更好。增加氧含量的方法也不难，我们可以在家安装一台臭氧产生机，将臭氧导入水中，臭氧氧化稳定后就会以氧的形态存留在水中。臭氧变成氧的过程中，还可以将水中剩余的细菌与杂味分解掉，实在是一举多得。

3. 存在细菌

除将水煮沸杀菌外，我们还可以使用逆渗透过滤器清洁水质，水中细菌也能被过滤掉。这种水如果不再被污染，是可以生饮的清洁用水，用来泡茶自然也不错。

4. 硬度较高

如果选用的水质不够软，可以采用逆渗透的方法将水过滤。一般家庭用的逆渗透式滤水器可以将水的导电度调降至100以下。这时产生的水较软，也比较适合泡茶。

如何煮水

好茶没有好水就不能发挥茶叶的品质，而好水没有好方法来煮也会失去其功效，因此，我们在得到了好茶、好水之后，下一步需要做的就是掌握煮水的方法。

煮水，也叫煎水。水煮得好，茶的色、香、味才能更好地保存和发挥。总体来说，煮水可分为煮水前和煮水时两部分。

1. 煮水前

煮水前需要准备以下材料及器具。

＊燃料

煮水燃料有煤、炭、煤气、柴、酒精等多种，但这些燃料燃烧时多少都有气味产生，后来人们常用电作为燃料，这样就不会有味道产生。所以在煮水的过程中应注意：不用沾染油、腥等异味的燃料；煮水的场所应通风透气，不使异味聚积；使用柴、煤等炉灶，应使烟气及时从烟囱排出，用普通煤炉，屋内应装换气扇；柴、煤、炭燃着有火焰后，再将水放置到火焰上烧煮；水壶盖应密封，这样既清洁卫生又简单方便，还可以达到急火快煮的要求。

煮水示意图

＊容器

烧火容器古代用镬，即古书上提到的"铫"和"茶瓶"，现在一般都用烧水壶。选择容器的时候，切记要将容器洗刷干净，以免让水沾染上异味，影响茶汤味道。

煮水的容器多种多样，从古至今也大为不同。陶制壶小巧玲珑，可以准确掌握水沸的程度，保证最佳泡茶质量；石英壶壶壁透明如玻璃，可以耐高温，因此不仅样式美观还方便使用，饮茶时自然能增添不少情趣；有些茶馆还会使用金属铝壶和不锈钢壶，这类茶壶也是我们平时生活中较常见的。

2.煮水时

陆羽在《茶经·五之煮》中提到："其沸如鱼目，微有声，为一沸；缘边如涌泉连珠，为二沸；腾波鼓浪，为三沸。已上水老不可食也。"这正是交代煮水的过程以及各个阶段水的特点，也就是说，过了三沸的水就不能饮用了，更不可以用它来泡茶。

蒸汽辨水温

除此之外，明代张源在《茶录》中对于如何煮水介绍得更为详细，只要按照书中提到的方法即可将水烧好："汤有三大辨十五小辨。一曰形辨，二曰声辨，三曰气辨。形为内辨，声为外辨，气为捷辨。如虾眼、蟹眼、鱼眼、连珠皆为萌汤，直至涌沸如腾波鼓浪，水汽全消，方是纯熟。如初声、转声、振声、骤声，皆为萌汤，直至无声，方是纯熟。如气浮一缕、二缕、三四缕，及缕乱不分，氤氲乱绕，皆为萌汤，直至气直冲贵，方是纯熟。"

除了听声音看形态判断水的程度，煮水时对火候也有很大的要求。要急火猛烧，待水煮到纯熟即可，切勿文火慢煮，久沸再用。煮水如使用铁制锅炉，常含铁锈水垢，需经常冲洗炉腔，否则所煮之水长时间难以澄清，泡茶时绿茶汤色泛红，红茶汤色发黑，且影响滋味的鲜醇，不适宜待客或品茶。

由以上几点来看，煮水的学问还真不少，只要我们掌握了这些技巧，就可以轻松地煮出合适的水来了。

水温讲究

煮水的时候，合适的水温也是保证泡好茶的重要因素之一。水温太高，会破坏茶叶中的有益菌，还会影响茶叶的鲜嫩口味；水温如果太低，茶叶中的有益成分不能充分溶出，茶叶的香味也不能充分散发出来。由此看来，水温的高低影响着茶叶的口感与香气的挥发程度，而且不同地点、不同茶叶对水温的需求也略有不同。

1.低温泡茶

低温泡茶的水温在 70 — 85℃。冲泡带嫩芽的茶类需要用这种温度的水，例如明前龙井或芽叶细嫩的绿茶、白茶和黄茶。因为其芽叶非常细嫩，如果水温太高，茶叶就会被泡熟，味道自然大打折扣，也就失去了茶的独特味道和香气。

2.中温泡茶

中温泡茶的水温在 85 — 95℃，这个温度对于一般情况而言，是最合适的水温。因为对大多数茶叶来说，低温冲泡会令茶香茶味无法挥发出来，甚至造成温暾水；而用沸腾的水泡茶又容易将茶叶烫坏，破坏茶叶中的许多营养物质，还会使茶中的鞣酸等物质溶出，使茶带有苦涩的味道，自然影响茶的品质。因而，大多数茶叶都适合用这个温度范围内的水冲泡。

3.高温泡茶

高温泡茶的水温在 95 — 100℃，对于用较粗老原料加工而成的茶叶，诸如黑茶、红茶、普洱茶等，适宜用沸水来冲泡。因为如果水温不够，茶叶就会漂浮起来，香味没有充分散发，这是不合格的温暾水。另外，在新疆、西藏等高原地区，水温往往不到 100℃水就沸腾了，这时的水根本不能冲泡出好茶来。而这些地区的朋友又常常用饼茶、砖茶等泡茶，因此更适合用沸水煮茶，这样才能更好地溶出茶中的元素。因此，在这里与其说高温泡茶，倒不如说高温煮茶更合适。

煮开的水所需的温度会受到很多因素的影响，例如大气压。平地烧水，大约 100℃时水会滚动与汽化，但随着大气压力的减弱，例如高山上，烧滚的温度会降低，除非在煮水器上加压，否则继续加热也仍然无法达到 100℃的高温。

以上是不同茶叶及地点对水温的不同需求，我们在泡茶之前可以根据茶叶的老嫩程度，以及自己所在的地区选择合适的水温，这样泡出的茶叶才能充分发挥其特色与香气。

水温对茶汤品质的影响

茶叶经过不同温度的水冲泡之后，所呈现的茶汤品质是不同的。即便是同一浓度，茶汤的感觉也是不同的。通常来说，以低温冲泡出的茶汤较温和，以高温冲泡出的茶汤较强劲。如果大家觉得泡好的茶味道偏苦，那么可以降低冲泡用水的温度。

不同类别的茶叶所需要的水温也是不同的，可分为冷水冲泡、低温冲泡、中温冲泡和高温冲泡四种，只有针对不同种类的茶叶选择不同的水温冲泡，才能得到品质高的茶汤。

1. 冷水

冷水冲泡的温度一般在 20℃左右。用冷水冲泡，可以防止中暑。白茶、生普洱茶、台湾乌龙茶等都适合用这种方法冲泡，尤其是白茶。但是，体质偏寒的人，或在夜间饮茶时，则不适合用这种水温，还是尽量热饮。

2. 低温

一般 70 — 80℃的水温适合冲泡以嫩芽为主的不发酵茶类，例如龙井、碧螺春等。另外，黄茶类也属于低温冲泡的茶类，玉露、煎茶，这两种蒸青类茶也需要低温冲泡，这样才能使茶汤清澈透亮，泡出茶的特色和香气来。

3. 中温

一般 80 — 90℃的水温适合较成熟的不发酵茶，例如六安瓜片；或是采嫩芽为主的乌龙茶类，例如白毫乌龙；或重萎凋的白茶类，例如白毫银针等，这些种类的茶都适合用中温冲泡。利用这种温度的水冲泡之后，茶汤品质要比其他水温下显得更高，茶的特色也能显露无余。

4. 高温

一般 90 — 100℃的水温适合经渥堆的黑茶类，如普洱茶；全发酵的红茶；或以采开面叶为主的乌龙茶类，如冻顶乌龙、铁观音、武夷岩茶等。由于这些种类的茶味道都很浓郁，因此高温下茶汤的品质自然最佳，颜色也较其他温度要好一些。

冷水泡茶

低温泡茶

中温泡茶

高温泡茶

这四种分类方式适合大多数的茶叶，也有些茶叶是特别的，例如花茶。如果花茶是以绿茶熏花制成的，则需要用低温冲泡；以采成熟叶片为主的乌龙茶熏花而成的，则需要用高温冲泡；如果是其他的，则视情况而定。因此，选择合适的水温首先要认清熏花的原料茶才好。

另外，未经过渥堆的普洱茶，如果陈放多年，因其已经产生足够的氧化反应，最好用中温冲泡；如果是以红茶压制而成的红砖茶，则用高温冲泡；焙火的乌龙茶都以采成熟叶片为主，所以无论焙火轻或是焙火重，都需要用高温冲泡。

只有根据不同茶叶选择合适的水温冲泡，才能使绿茶的茶汤更加清澈，红茶的茶汤颜色如琥珀般晶莹，黑茶的茶汤香味更加浓郁……使各类茶都能充分发挥其自身的特色，我们也因此得到最佳品质的茶汤。

茶的一般冲泡流程

茶叶的冲泡过程有一定的顺序，虽然可繁可简，但也要根据具体情况来定。一般来说，冲泡的顺序为投茶、洗茶、第一次冲泡、第二次冲泡、第三次冲泡等。每个阶段都有其各自的特点及注意事项，并不难掌握。

初识最佳出茶点

出茶点是指注水泡茶之后，茶叶在壶中受水冲泡，经过一段时间之后，我们开始将茶水倒出来的那一刹那，在这一瞬间倒出来的茶汤品质最佳。

常泡茶的人也许会发现，在茶叶量、水质水温、冲泡手法等方面完全相同的情况下，自己每次泡的茶味道也并不是完全相同，有时会感觉特别好，而有时则相对一般。这正是由于每次的出茶点不同，也许有时离这个最佳的点特别近，有时偏差较大导致的。

其实，最佳出茶点只是一种感觉罢了。这就像形容一件东西、一个人一样，说他哪里最好、哪里最美，每个人的感觉都是不同的，最佳出茶点也是如此。它只是一个模糊的时间段，在这短短的时间段中，如果我们提起茶壶倒茶，那么得到的茶水自然是味道最好的，而一旦错过，味道也会稍差些。

既然无法做到完全准确地找到最佳出茶点，那么我们只要接近它就好了。我们会偶然间"碰到"这个出茶点，但多数时候，如果技术不佳，感悟能力还未提升到一定层次时，寻找起来仍比较困难。所以万事万物都需要尝试，只要我们常泡茶、常品茶，在品鉴其他人泡好的茶时多感受一些，相信自己的泡茶技巧也会不断提升。

当我们的泡茶、鉴茶、品茶的水平达到一定层次时，再用相同的手法泡茶，

寻找最佳出茶点

就会达到一个全新的高度和领域。久而久之，我们自然会离这个"最佳出茶点"更近，泡出的茶味道也自然会达到最好。

投茶与洗茶

投茶也称置茶，是泡茶程序之一，即将称好的一定数量的干茶置入茶杯或茶壶，以备冲泡。投茶的关键就是茶叶用量，这也是泡茶技术的第一要素。

由于茶类及饮茶习惯、个人爱好各不相同，每个人需要的茶叶都略有不同，我们不可能对每个人都按照统一标准去做。但一般而言，

投茶

标准置茶量是 1 克茶叶搭配 50 毫升的水。现代评茶师品茶按照 3 克茶叶搭配 150 毫升水这一标准来判断茶叶的口感。当然，如果有人喜欢喝浓茶或淡茶，也可以适当增加或减少茶叶用量。

因此，泡茶的朋友需要借助这两样工具：精确到克的小天平或小电子秤和带刻度的量水容器。有人可能会觉得量茶很麻烦，其实不然，只有茶叶量标准，泡出的茶才会不浓不淡，适合人们饮用。

有的时候，我们选用的茶叶不是散茶，而是像砖茶、茶饼一类的紧压茶，这个时候就需要采取一定的方法处理。我们可以把紧压茶或茶饼、茶砖拆散成叶片状，除去其中的茶粉、茶屑。还有另一种方法，就是不拆散茶叶，将它们直接投入茶具中冲泡。这两种方法各有利弊，前者的优势为主动性程度高，弊端是损耗较大；后者的优势是茶叶完整性高，但弊端是无法清除里面夹杂的茶粉与茶屑，这往往需要大家视情况而定。

接下来要做的就是将茶叶放到茶具中。如果所用的茶具为盖杯，那么可以直接用茶则来置茶；如果使用茶壶泡茶，就需要用茶漏置茶，接着用手轻轻拍一拍茶壶，使里面的茶叶摆放平整。

人们在品茶的时候，有时会发现，茶汤的口感有些苦涩，这也许与茶中的茶

粉和茶屑有关。那么在投茶的时候，我们就需要将这些杂质排除在外，将茶叶筛选干净，避免带入这些杂质。

当茶叶放入茶具中之后，下一步要做的就是洗茶了。洗茶是一个笼统的说法。好茶相对比较干净，要洗的话，也只是洗去一些附着在茶叶表面的浮尘、杂质，再就是通过洗茶把茶粉、茶屑进一步去除。

注水洗茶之后，干茶叶由于受水开始舒张变软，展开成叶片状，茶叶中的茶元素物质也开始析出。另外，沸水蕴含着巨大的热能注入茶器，茶叶与开水的接触越均匀充分，其展开过程的质量就越高。因此，洗茶这一步骤做得如何，将直接影响第一道茶汤的质量。

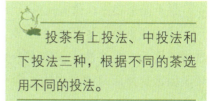

投茶有上投法、中投法和下投法三种，根据不同的茶选用不同的投法。

我们在洗茶时应该注意以下几点：

一是洗茶注水时要尽量避免直冲茶叶，因为好茶都比较细嫩，直接用沸水冲泡会使茶叶受损，导致茶叶中含有的元素析出，质量下降。

二是水要尽量高冲，因为冲水时，势能会形成巨大的冲力，茶器里才能形成强大的旋转水流，把茶叶带动起来，随着水平面上升。这一阶段，茶叶中所含的浮尘、杂质、茶粉、茶屑等物质都会浮起来，利用壶盖就可以轻而易举地刮走这些物质。

三是洗茶的次数根据茶性决定。茶叶的茶性越活泼，洗茶需要的时间就越短。例如龙井、碧螺春这样的嫩叶绿茶，几乎是不需要洗茶的，因为它们的叶片从跟开水接触的那一刻起，其中所含的茶元素等物质就开始快速析出；而陈年的普洱茶，洗茶一次可能还不够，需要再洗一次，它才慢腾腾地析出茶元素物质。总之，根据茶性不同，我们可以考虑是否洗茶或多加一次洗茶过程。

说了这么多，洗茶究竟有什么好处呢？首先，洗茶可以保持茶的干净。在

洗茶

洗茶的过程中，能够洗去茶中所含的杂质与灰尘；其次，洗茶可以诱导出茶的香气和滋味；最后，洗茶能去掉茶叶中的湿气。所以说，洗茶这个步骤往往是不可缺少的。

第一次冲泡

投茶洗茶之后，我们就可以开始进入第一次冲泡了。

冲泡之前别忘了提前把水煮好，至于温度只需根据所泡茶的品质决定即可。洗过茶之后，要在注水前将壶中的残余茶水滴干，这样做对接下来的泡茶极其重要。因为这最后几滴水中往往含有许多苦涩的物质，如果留在壶中，会把这种苦涩的味道带到茶汤中，从而影响茶汤的品质。

接下来，将合适的水注入壶中，接着盖好壶盖，静静地等待茶叶舒展，使茶元素慢慢析出来，释放到水中。这个过程需要我们保持耐心，在等待的过程中，注意一定不要去搅动茶水，应该让茶元素均匀平稳地析出。这个时候我们可以凝神静气，或是与客人闲聊几句，以打发等候的时间。

一般而言，茶的滋味是随着冲泡时间延长而逐渐增浓的。据测定，用沸水冲泡陈茶首先浸出来的是维生素、氨基酸、咖啡因等，大约到3分钟时，茶叶中浸出的物质浓度才最佳。因此，对于那些茶元素析出较慢的茶叶来说，第一次冲泡在3分钟左右时饮用为好。因为在这段时间，茶汤品饮起来具有鲜爽醇和之感。但有些茶叶例外，例如冲泡乌龙茶，人们在品饮的时候通常用小型的紫砂壶，用茶量也较大，因此，第一次冲泡的时间在1分钟左右就好，这时的滋味算得上最佳。

对于有些初学者来说，在冲泡时间的把握上并不十分精准，这个时候最好借助手表来看时间。虽然看时间泡茶并不是个好方法，但对于入门的人来说还是相当

第一次冲泡步骤

有效的，否则时间过了，茶水就会变得苦涩；而时间不够，茶味也没有挥发出来。

　　以上就是茶叶的第一次冲泡过程，在这个阶段，需要我们对茶叶的舒展情况、茶汤的质量做出一个大体的评价，这对后几次冲泡时的水温和冲泡时间都有很大的影响。

第二次冲泡

　　在第二次冲泡之前，需要我们对前一次的茶叶形态、水温等方面做出判断，这样才会在第二次冲泡时掌握好时间。

　　回味茶香是必要的，因为有大量信息都蕴藏在香气中。如果茶叶采摘的时间是恰当的，茶叶的加工过程没有问题，茶叶在制成后保存得当，那么冲泡出来的茶香必定清新活泼，有植物本身的气息，有加工过程的气息，而且没有杂味，没有异味。如果我们闻到的茶香散发出来的是扑鼻而来的香气，那么就说明这种茶中茶元素的物质活性高，析出速度快，因此在第二次冲泡的时候，就不要过分地激发其活性，否则会导致茶汤品质下降；如果茶香味很淡，是一点点散发出来的香气，那么我们就需要在第二次冲泡过程中注意充分激发它的活性，使它的气味以及特色能够充分散发出来。

　　回味完茶香之后，我们需要检查泡茶用水。观察水温是十分必要的，在每次冲泡之前都需要这样做。如果第二次冲泡与前一次之间的时间间隔很短，那么就不要再给水加温了，这样做可以保持水的活性，也可以使茶叶中的茶元素尽快地析出。需要注意的是，泡茶用水不适宜反复加热，否则会降低水中的含氧量。

　　当我们对第一次冲泡之后的茶水做出综合评判之后，就可以分析第二次冲泡茶叶的时间以及手法了。由于第一次冲泡时，茶叶的叶片已经舒展开，所以第二次冲泡就不需要太长时间，大致与第一次冲泡时间相当即可，或是稍短些也无妨；

第二次冲泡步骤

如果第一次冲泡之后茶叶还处于半展开状态，那么第二次冲泡的时间应该比前一次略长。

第三次冲泡

我们在第三次冲泡之前同样需要回忆一下第二次冲泡时的各种情况，例如水温高低、茶香是否挥发出来，综合分析之后才能将第三次冲泡时的各项因素把控好。

在经过前两次冲泡之后，茶叶的活性已经被激发出来。经过第二泡，叶片完全展开，进入全面活跃的状态。此时，茶叶从沉睡中被唤醒，在进入第三次冲泡的时候渐入佳境。

冲泡之前我们还是需要掌握好水温。注意与前一次冲泡的时间间隔，如果间隔较长，此时的水温一定会降低许多，这时就需要再加热，否则会影响冲泡的效果；如果两次间隔较短，就可以直接冲泡了。

此时茶具中的茶叶处于完全舒展的状态，经过前两次冲泡，茶叶中的茶元素析出物应该减少了许多。按照析出时间的先后顺序，可以将析出物分为速溶性析出物和缓溶性析出物两类。顾名思义，速溶性析出物释放速度较快，最大析出量发生在茶叶半展开状态到完全展开状态的这个区间内；而缓溶性析出物大概发生在茶叶展开状态之后，且需要通过适当时间的冲泡才能慢慢析出。

由几次冲泡时间来看，速溶性析出物大概在第一、第二次冲泡时析出；而缓溶性析出物大概在第三次冲泡时析出。因此，前两次冲泡的时间一定不能太长，否则会导致速溶性析出物析出过量，茶汤变得苦涩，而缓溶性析出物的质量也不会很高。

至于第三次冲泡的时间则因情况而定，完全取决于前两次冲泡后茶叶的舒展情况以及茶叶本身的特点。比第二次冲泡时间略长、略短或与其持平，这三种情

第三次冲泡步骤

况都有可能，我们可以依照实际情况判断。

茶的冲泡次数

我们经常看到这样两种喝茶的人：有的投一点儿茶叶之后，反复冲泡，一壶茶可以喝一天；有的只喝一次就倒掉，过会儿再喝时，还要重新洗茶泡茶。虽然不能说他们的做法一定是错误的，但茶的冲泡次数确实有些讲究，要因茶而异。

据有关专家测定，茶叶中各种有效成分的析出率是不同的。一壶茶冲泡之后，最容易析出的是氨基酸和维生素 C，大概在第一次冲泡时就可以析出；其次是咖啡因、茶多酚和可溶性糖等。也就是说，冲泡前两次的时候，这些容易析出的物质就已经融入茶汤之中了。

优质绿茶六安瓜片三次冲泡的茶汤（由下至上分别为 1—3 泡的茶汤）

以绿茶为例，第一次冲泡时，茶中的可溶性物质能析出 50% 左右；第二次冲泡时能析出 30% 左右；第三次冲泡时能析出 10% 左右。由此看来，冲泡次数越多，其可溶性物质的析出率就越低。相信许多人一定有所体会，冲泡绿茶太多次数之后，其茶汤的味道就与白开水相差不多了。

通常，名优绿茶只能冲泡 2—3 次，因为其芽叶比较细嫩，冲泡次数太多会影响茶汤品质；红茶中的袋泡红碎茶，冲泡 1 次就可以了；白茶和黄茶一般也只能冲泡 2—3 次；大宗红、绿茶可连续冲泡 5—6 次；乌龙茶可连续冲泡 5—9 次，所以才有"七泡有余香"之美誉；陈年的普洱茶，有的能泡到 20 多次，因为其中所含的析出物释放速度非常慢。

除冲泡的次数外，冲泡时间的长短对茶叶内所含有效成分的利用也有很大的关系。任何品种的茶叶都不宜冲泡过久，最好是即泡即饮，否则有益成分被氧化，不但会降低营养价值，还会泡出有害物质。此外，茶也不宜太浓，浓茶有损胃气。

由此看来，茶叶的冲泡次数不仅影响着茶汤品质的好坏，更与我们的身体健康有关，实在不能忽视。

泡出茶的特色

茶叶的冲泡，一般只需要准备水、茶、茶具，经沸水冲泡即可，但如果想把茶叶本身特有的香气、味道完美地冲泡出来，并不是容易的事，也需要一定的技术。可以说，泡茶人人都会，但想要泡出茶的特色，却需要泡茶者一次又一次地冲泡练习，熟练地掌握冲泡方法。时间久了，泡茶者自然会从中琢磨出差别，泡出茶的特色来。

绿茶的冲泡方法

绿茶一般选用陶瓷茶壶、盖碗、玻璃杯等茶具沏泡，所以，其常用的冲泡方法包括茶壶泡法、盖碗泡法和玻璃杯泡法三种。

1. 茶壶泡法

洁净茶具。准备好茶壶、茶杯等茶具，将开水冲入茶壶，摇晃几下，再注入茶杯中，将茶杯中的水旋转倒入废水盂，既洁净了茶具又温热了茶具。

将绿茶投入茶壶待泡。茶叶用量按壶大小而定，一般每克茶冲 50 — 60 毫升水。

洁净茶具

放茶叶

将高温的开水先以逆时针方向旋转高冲入壶，待水没过茶叶后，改为直流冲水，最后用手腕抖动，使水壶有节奏地三起三落将壶注满，用壶盖刮去壶口水面的浮沫。茶叶在壶中冲泡 3 分钟左右将茶壶中的茶汤斟入茶杯，绿茶就冲泡好了。

茶壶泡法的步骤

2. 盖碗泡法

准备盖碗，数量依照具体需要而定，随后清洁盖碗。将盖碗一字排开，把盖掀开，斜搁在碗托右侧，依次向碗中注入开水，少量即可，用右手把碗盖稍加倾斜盖在盖碗上，手持碗身，示指按住盖钮，轻轻旋转盖碗三圈，将洗杯水从盖和碗身之间的缝隙中倒出，放回碗托上，右手再次将碗盖掀开，斜搁于碗托右侧，其余盖碗以同样方法进行洁具，以达到洁具和温热茶具的目的。

准备盖碗　　　　　　　　洁净盖碗　　　　　　　　温热茶具

将干茶依次拨入茶碗中待泡。一般来说，一只普通盖碗大概需要放2克干茶。

将开水冲入碗中，水柱不可直接落在茶叶上，应在碗的内壁上慢慢冲入，冲水量以七八分满为宜。

冲入水后，将碗盖迅速稍加倾斜，盖在碗上，盖沿与碗沿之间留有一定的空隙，避免将碗中的茶叶焖黄泡熟。

放茶叶　　　　　　　　　　冲水　　　　　　　　　　盖上碗盖

3.玻璃杯泡法

准备茶具和清洁茶具。一般选择无刻花的透明玻璃杯，根据喝茶的人数准备玻璃杯。从左侧依次开始温杯，左手托杯底，右手捏住杯身，轻轻旋转杯身，将杯中的开水依次倒入废水盂。之后再清洁烧水壶，这样既清洁了玻璃杯又可让玻璃杯预热，避免正式冲泡时炸裂。

温杯　　　　　　　　　　清洁烧水壶

投茶。因绿茶干茶细嫩易碎，因此从茶叶罐中取茶时，应轻轻拨取、轻轻转动茶叶罐，将茶叶倒入茶杯中待泡。

茶叶投放方式也有讲究，有三种方式，即上投法、中投法和下投法。上投法：先一次性向茶杯中注足热水，待水温适度时再投放茶叶。此法多适用于烘

投茶

青等细嫩度极好的绿茶，如特级龙井、黄山毛峰等。此法水温要掌握得非常准确，越是嫩度好的茶叶，水温要求越低，有的茶叶可等待至 70℃ 时再投放。中投法：投放茶叶后，先注入 1/3 热水，等到茶叶吸足水分，舒展开来后，再注满热水。此法适用于虽细嫩但很松展或很紧实的绿茶，如竹叶青等。下投法：先投放茶叶，然后一次性向茶杯注足热水。此法适用于细嫩度较差的一般绿茶。

将水烧到合适的温度就可冲泡了。拿着水壶冲水时用手腕抖动，使水壶有节奏地三起三落，高冲注水时，一般冲水入杯至七成满为止，注入时间掌握在 15 秒以内。同样注意开水不要直接浇在茶叶上，而应打在玻璃杯的内壁上，以避免烫坏茶叶。

嫩茶宜用玻璃杯冲泡，而中低档的绿茶则更适宜选用其他材质的壶冲泡。玻璃杯因透明度高，能一目了然地欣赏到佳茗在整个冲泡过程中的变化，所以适宜冲泡名优绿茶；而中低档的绿茶无论是外形内质还是色香味都不如嫩茶，如果用玻璃杯冲泡，缺点尽显，所以一般选择使用瓷壶或紫砂壶冲泡。

玻璃杯冲泡的步骤

 茶典、茶人与茶事

六安瓜片的传说

六安市的某茶行有一位评茶师，他收购完茶叶后，就会将上等茶叶中的嫩茶拣出来专门出售，结果大受好评。后来，麻埠的茶行学习他的这一方法出售茶叶，并将茶叶起名为"峰翘"，意思就是"毛峰（蜂）"之翘。

再后来，当地的一家茶行，直接将采回的茶叶去梗，将老叶和嫩叶分开炒，制成的茶从各个方面都比"峰翘"优秀很多。渐渐地，这种茶叶就成了当地的特产，因为这种茶的形状很像葵花子，就被称为"瓜子片"，后来又直接被称为"瓜片"。

红茶的冲泡方法

世界各国以饮红茶者居多，红茶饮用广泛，其饮法也各有不同。

红茶因品种、调味方式、使用茶具的不同和茶汤浸出方式的不同，有着不同的饮用方法。

1. 按红茶的品种分，有工夫红茶饮法和快速红茶饮法两种

＊工夫红茶饮法

一是准备茶具。茶壶、盖碗、公道杯、品茗杯等放在茶盘上。二是温杯。将开水倒入盖碗中，再把水倒入公道杯，之后倒入品茗杯中，然后将水倒掉。三是放茶。四是泡茶、饮茶。泡茶的水温在 90 — 95℃。当然冲泡时不要忘记先洗茶。

准备茶具

温杯的步骤

放茶　　　　　　　　泡茶　　　　　　　　饮茶

冲泡好的快速红茶

＊快速红茶饮法

快速红茶饮法主要是针对红碎茶、袋泡红茶、速溶红茶和红茶乳晶等品种来说的。红碎茶是颗粒状的一种红茶，比较小且容易碎，茶元素易溶于水，适合快速泡饮，一般冲泡一次，最多两次，茶汤就很淡了；袋泡红茶一般一杯一袋，泡饮更为方便，把开水冲入杯中后，轻轻抖动茶

袋，等到茶汤溶出就可以把茶袋扔掉；速溶红茶和红茶乳晶，冲泡比较简单，只需要用开水直接冲就可以，随调随饮，冷热皆宜。

2. 按红茶茶汤的调味方式，可分为调饮法和清饮法

＊调饮法

调饮法主要是冲泡袋泡茶，直接将袋茶放入杯中，用开水冲 1 — 2 分钟后，拿出茶袋，留茶汤。品茶时可按照自己的喜好加入糖、牛奶、咖啡、柠檬片等，还可加入各种新鲜水果块或果汁。

＊清饮法

清饮法就是在冲泡红茶时不加任何调味品，主要品红茶的滋味。如品饮工夫红茶，就是采用清饮法。工夫红茶是条形茶，外形紧细纤秀，内质香高、色艳、味醇。冲泡时可在瓷杯内放入 3 — 5 克茶叶，用开水冲泡 5 分钟。品饮时，先闻香，再观色，然后慢慢品味，体会茶趣。

调饮法

清饮法

3. 按使用的茶具不同，可分为杯饮法和壶饮法

＊杯饮法

杯饮法适合工夫红茶、小种红茶、袋泡红茶和速溶红茶，可以将茶放入玻璃杯内，用开水冲泡后品饮。工夫红茶和小种红茶可冲 2 — 3 次；袋泡红茶和速溶红茶只能冲泡 1 次。

杯饮法

壶饮法

＊壶饮法

壶饮法适合红碎茶和片末红茶，低档红茶也可以用壶饮法。可以将茶叶放入壶中，用开水冲泡后，将壶中茶汤倒入小茶杯中饮用。一般冲泡2—3次，适合多人在一起品饮。

4. 按茶汤的浸出方法，可分为冲泡法和煮饮法

＊冲泡法

将茶叶放入茶壶中，然后冲入开水，静置几分钟后，等到茶叶内含物溶入水中，就可以品饮了。

＊煮饮法

一般是在客人餐前饭后饮红茶时用，特别是少数民族地区，多喜欢用壶煮红茶，如长嘴铜壶等。将茶放入壶中，加入清水煮沸（传统多用火煮，现代多用电煮），然后冲入预先放好奶、糖的茶杯中，分给大家。也有的桌上放一盒糖、一壶奶，各人根据自己需要随意在茶中加奶、加糖。

冲泡法

煮饮法

乌龙茶的冲泡方法

　　乌龙茶既有红茶的甘醇又有绿茶的鲜爽和花茶的芳香，那么，怎样泡饮乌龙茶才能品尝到它纯真独特的香味？乌龙茶因地域不同，冲泡方法有所不同，以安溪、潮州、宜兴等地最为有名。

　　下面，我们以宜兴的春茶冲泡方法为例，为大家进行具体讲解。

　　宜兴泡法是融合各地的方法，此法特别讲究水的温度。

　　温杯之后，将茶荷中的茶叶拨入壶中，加水入壶到满为止，盖上壶盖后立刻将水倒入公道杯中，将公道杯中的水再倒入茶盅中，即可饮用。

冲泡茶的步骤

　　将壶中的残茶取出，再冲入水将剩余茶渣清出倒入茶池中。将茶池中的水倒掉。清洗所有用具，以备再用。

清洁茶具

黄茶的冲泡方法

　　黄茶有黄叶黄汤的品质特点。那么怎样才能冲泡出最优的黄茶呢？冲泡黄茶的具体步骤就特别关键。

1. 摆放茶具

　　将茶杯依次摆好，盖碗、公道杯和茶盅放在茶盘之上，废水盂放于右手边。

摆放茶具

2. 观赏茶叶

主人用茶则将茶叶轻轻拨入茶荷后，供来宾欣赏。

3. 温热盖碗

用沸水温热盖碗和茶盅。将沸水注满盖碗，接着右手拿盖碗，将水注入公道杯，然后将公道杯的水倒入茶盅中，最后用茶夹夹住茶盅将茶盅中的水倒入废水盂。

观赏茶叶

温热盖碗的步骤

4. 投放茶叶

用茶则将茶荷中的茶叶拨入盖碗，投茶量为盖碗的半成左右。

5. 清洗茶叶

将沸水高冲入盖碗，盖上碗盖，刮去浮沫，然后立即将茶汤倒入废水盂中。

投放茶叶

清洗茶叶的步骤

6.高冲

用高冲法将沸水注入盖碗中，使茶叶在碗中尽情地翻腾。第一泡时间为 1 分钟，1 分钟后，将茶汤注入公道杯中，注入茶盅，就可以品饮了。

除了遵守上述六个步骤，还需要注意的是第一次冲泡后还可以进行第二次冲泡。第二次冲泡的方法与第一次相同，只是冲泡时间要比第一次冲泡增加 15 秒，以此类推，每冲泡一次，时间都要相对增加。

黄茶是沤茶，在冲泡的过程中，会产生大量的消化酶，对脾胃最有好处，对消化不良、食欲缺乏、懒动肥胖等有很好的缓解作用。

高冲的步骤

白茶的冲泡方法

白茶是一种极具观赏性的特种茶，其冲泡方法与黄茶相似。为了泡出一壶好茶，首先要做好冲泡前的准备工作。

茶具的选择，为了便于观赏，冲泡白茶一般选用透明玻璃杯。同时，还需要准备茶叶，以及玻璃冲水壶、观水瓶、竹帘、茶荷等。

准备茶具和水

1.准备茶具和水

将冲泡所用到的茶具一一摆放到台子上，再把沸水倒入玻璃壶中备用。

2.观赏茶叶

双手执盛有茶叶的茶荷，请客人观赏茶叶的颜色与外形。

观赏茶叶

3. 温杯

倒入少许开水在茶杯中，双手捧杯，旋转后将水倒掉。如果茶具较多，将其他的茶具也都逐个洗净。

温杯的步骤

4. 放茶叶

将放在茶荷中的茶叶，向每个杯中投入大概3克。

5. 浸润运摇

提起冲水壶将水沿杯壁冲入杯中，水量约为杯子的四成，为的是能浸润茶叶使其初步展开。然后，右手扶着杯子，左手也可托着杯底，将茶杯按顺时针方向轻轻转动，使茶叶进一步吸收水分，香气充分发挥，摇香约30秒。

放茶叶　　　　　　　　　　　　　　　浸润运摇

6. 冲泡

冲泡时采用回旋注水法，开水温度为90—95℃，先用回转冲泡法按逆时针顺序冲入每碗中水量的三成到四成，然后静置2—3分钟。

7. 品茶

品饮白茶时先闻茶香，再观汤色和杯中上下浮动的玉白透明形似兰花的芽叶，然后小口品饮，茶味鲜爽，回味甘甜。

冲泡

品茶

白茶本身呈白色，经过冲泡，其香气清雅，姿态优美。另外，因其性寒凉，具有退热祛暑解毒之功效，所以在夏季喝一杯白茶，可以防暑解渴。白茶是夏季必备的饮料之一。

黑茶的冲泡方法

黑茶具有双向、多方面的调节功能，所以无论老少、胖瘦都可饮黑茶，而且能在饮用黑茶中获益。那么如何才能冲泡出一壶好的黑茶呢？

1. 选茶

怎样选出品质好的茶叶呢？品质较好的黑茶一般外观条索紧卷、圆直，叶质较嫩，色泽黑润。千万不要饮用劣质茶和受污染的茶叶。

2. 选茶具

冲泡黑茶一般选择粗犷、大气的茶具，以厚壁紫砂壶或祥陶盖碗为主。

3. 选水

一般选用天然水，如山泉水、江河湖水、井水、雨水、雪水等。因为黑茶茶叶粗老，一般用100℃的开水冲泡。有时候，为了保持住水温，要在冲泡前用开水烫热茶具，冲泡时还要在壶外淋开水。

选茶

选茶具

选水

4. 投茶

将茶叶从茶荷拨入盖碗中。

5. 冲泡

冲泡时最好先倒入少量开水，浸没茶叶，再加至七八成满。冲泡时间以茶汤浓度适合饮用者的口味为标准。一般来说，品饮湖南黑茶，冲泡时间适宜短，多为2分钟，次数可为5—7次，随着冲泡次数的增加，冲泡时间应适当延长。

6. 品茶

茶汤入口，让茶水在口中稍停片刻，滚动舌头，使茶汤经过口腔中的每个部位，浸润所有的味道，体会黑茶的润滑和甘厚；轻咽入喉，领略黑茶的丝丝顺柔，带金花的黑茶还能品尝到一股独特的金花的菌香味。

投茶

冲泡

品茶

茶典、茶人与茶事

孔明树的传说

三国时，诸葛亮带着士兵来到西双版纳，但是很多士兵因为水土不服眼睛失明了。诸葛亮知道后，就将自己的手杖插在了山上，结果那根手杖立刻就长出枝叶，变成了茶树。

诸葛亮用茶树上的茶叶泡成茶汤让士兵喝，士兵很快就恢复了视力。从此以后，这里的人们便学会了制茶。现在，当地还有一种叫"孔明树"的茶树，孔明也被当地人称为"茶祖"。时至今日，当地百姓还会在诸葛亮生日这天，放"孔明灯"，来纪念这位"茶祖"。

花茶的冲泡方法

花茶是我国特有的香型茶，经过冲泡，鲜花的纯清馥郁之气慢慢通过茶汤浸出，从而品饮花茶的爽口浓醇的味道。

品饮花茶，先看茶坯质地，好茶才有适口的茶味，才有好的香气。花茶种类繁多，下面以茉莉花茶为例，介绍一下花茶的冲泡方法。

1. 准备茶具

一般选用的是白色的盖碗，如果冲泡高级茉莉花茶，为了提高其艺术欣赏价值，可以采用透明玻璃杯。

准备茶具

2. 温热茶具

将盖碗置于茶盘上，用沸水高冲茶具、茶托，再将盖浸入盛沸水的茶盏中转动，最后把水倒掉。

温热茶具的步骤　　　　　　　　放入茶叶

3. 放入茶叶

用茶则将茉莉花茶轻轻从茶荷中拨入盖碗，根据个人的口味增减。

4. 冲泡茶叶

冲泡茉莉花茶时，第一泡应该低冲，冲泡壶口紧靠茶杯，直接注于茶叶上，使香味缓缓浸出；第二泡采用中冲，壶口不必靠紧茶杯，稍微离开杯口注入沸水，使茶水交融；第三泡采用高冲，壶口离

冲泡茶叶（高冲）

茶杯稍远一些冲入沸水，使茶叶翻滚，茶汤回荡，花香飘溢。一般冲水至八分满为止，冲后立即加盖，以保留茶香。

5. 闻茶香

茶经过冲泡静置片刻，即可拿起茶盏，揭开杯盖一侧，用鼻子闻其香气，顿时觉得芬芳扑鼻而来，也可以伴着香气深呼吸，以充分领略香气给人带来的愉悦之感。

6. 品饮

经闻茶香后，等到茶汤稍微凉一些，小口喝入，并让茶汤在口中稍事停留，配合以鼻呼气的动作，使茶汤在舌面上往返流动几次，充分与味蕾接触，品尝茶叶和香气后再喝下。

闻茶香

品饮

不同茶具冲泡方法

泡茶的器具多种多样，有玻璃杯、紫砂壶、盖碗、飘逸杯、小壶、陶壶等。虽说泡茶的过程和方法大同小异，却因不同的茶具有着不同的方法。本节主要从不同茶具入手，详细地介绍各自的特点及冲泡手法，希望大家使用不同茶具时，都能冲泡出好茶来。

玻璃杯泡法

人们开始用吹制的办法生产玻璃器物，最早可以追溯到公元1世纪。玻璃在几千年的人类历史中自稀有之物发展成为日常生活不可或缺的实用品，走过了漫长的道路。19世纪末，玻璃终于成为可用压、吹、拉等方法成型，用研磨、雕刻、腐蚀等工艺进行大规模生产的普通制品。

玻璃杯泡法可以冲泡我国所有的绿茶、白茶、黄茶以及花茶等，现在我们以冲泡绿茶为例，介绍玻璃杯泡法。

1. 准备茶具

准备茶叶，随手泡、茶荷、茶则、茶匙、玻璃杯等，并将用具摆放好。

2. 观赏茶叶

轻轻开启茶罐，用茶匙取出少许茶叶放在茶荷中，主人端着茶荷给来宾欣赏。

准备茶具

观赏茶叶的步骤

3. 放入茶叶

欣赏完茶叶之后，用茶则将茶叶分别拨入茶杯中，大概每杯 2 克的量。

放入茶叶的步骤

4. 浸润泡

准备约 80℃的泡茶用水。右手提随手泡，左手垫茶巾处托住壶底，注意不宜将沸水直接注入杯中，右手手腕回转使壶嘴的水沿杯壁冲入杯中，水量为杯容量的三成到四成，使茶叶吸水膨胀，便于内含物析出，浸润 20 — 60 秒。

浸润泡的步骤

5. 冲泡茶叶

提壶注水，用"凤凰三点头"的方法冲水入杯中，不宜太满，至杯子总容量的七成左右即可。经过三次高冲低斟，使杯内茶叶上下翻动，杯中上下茶汤浓度均匀。

冲泡茶叶的步骤

6.奉茶

通常，主人把茶杯放在茶盘上，用茶盘把刚沏好的茶奉到客人的面前就可以了。

奉茶的步骤

7.闻香气

客人接过茶后可用鼻子闻其香气，还可就着香气深呼吸，以充分领略香气给人的愉悦之感。

闻香气   品饮

8.品饮

经闻香后，等到茶汤稍凉适口时，小口喝入，不要立即咽下，让茶汤在口中稍事停留，以口吸气、鼻呼气相配合的动作，使茶汤在舌面上往返数次，充分与味蕾接触，品尝茶叶和香气后再咽下。

9.欣赏茶

通过透明的玻璃杯，在品其香气和滋味的同时可欣赏其在杯中优美的舞姿，或上下沉浮、翩翩起舞；或如春笋出土、银枪林立；或如菊花绽放，令人心旷神怡。

欣赏茶

10. 收拾茶具

喝茶完毕，将桌上泡茶用具全收至大盘中，之后逐一清洗。

玻璃杯由于其独特的造型，加之其是透明的，通过透明的玻璃杯，茶的各种优美姿态便一目了然，在品饮茶的同时，既能欣赏到茶的优美舞姿，又能愉悦身心。

紫砂壶泡法

中国的茶文化始于唐朝，但到宋代人们才开始使用紫砂壶，到明代开始有了关于紫砂壶的记载。紫砂是一种多孔性材质，气孔微细，密度高。用紫砂壶沏茶，不失原味，且香不涣散，得茶之真香真味。紫砂壶泡茶方法是怎样的呢？

1. 温壶温杯

用开水浇烫茶壶内外和茶杯，既可清洁茶壶去除紫砂壶的霉味，又可温暖茶壶醒味。

温壶温杯的步骤

2. 投入茶叶

选好茶后用茶匙取出茶叶，观察干茶的外形，闻干茶香。根据客人的喜好，

投入茶叶的步骤

取茶壶容量的1/5至1/2的茶叶，投入茶壶。

3.温润泡

投入茶叶之后，把开水冲入壶中，然后马上将水倒出。如果茶汤上面有泡沫，可注入开水至近乎满泻，然后再用壶盖轻轻刮去浮在茶汤面上的泡沫。清洗了茶叶又温热了茶壶，茶叶也在吸收一定水分后舒展开了。

温润泡的步骤

4.冲泡茶

将沸水再次冲入壶中，倒水过程中，高冲入壶，向客人示敬。水要高出壶口，用壶盖拂去茶沫儿。

5.封壶

盖上壶盖，用沸水遍浇壶外全身，稍等片刻。

冲泡茶

封壶的步骤

6. 分杯

用茶夹将闻香杯和品茗杯分开，放在茶托上。将壶中茶汤倒入公道杯，使每个人都能品到色、香、味一致的茶。

7. 分壶

将茶汤分别倒入闻香杯，茶斟七分满即可。

分杯

8. 奉茶

将茶杯倒扣在闻香杯上，用手将闻香杯托起，迅速地将闻香杯倒转，使闻香杯倒扣在茶杯上，向客人奉茶。

分壶

奉茶

9. 闻香

将闻香杯竖直提起，双手夹住，靠近鼻孔，轻嗅闻香杯中的余香。

10. 品茗

取品茗杯，分三口轻啜慢饮。

闻香

品茗

这是第一泡，一般来说，冲泡不同的茶，水温也不一样。用紫砂壶冲泡绿茶时，注入水温在80℃为宜；泡红茶、乌龙茶和普洱茶时，水温保持在90—100℃为宜。第二泡、第三泡及其后每一泡，冲泡的时间都要依次适当延长。

此外，还需要注意的是泡完茶后一定要将茶叶从壶中清出，再用开水浇烫茶壶。最后取出壶盖，壶底朝天，壶口朝地，自然风干，主要是让紫砂壶彻底干爽，不至于发霉。紫砂壶每次用完都要风干，为防止壶口被磨损，也可在其上铺上一层吸水性较好的棉布。

紫砂壶透气性能好，用它泡茶不容易变味。如果长时间不用，只要用时先注满沸水，立刻倒掉，再放入冷水中冲洗，泡茶仍是原来的味道。同时紫砂壶冷热急变性能好，寒冬腊月，壶内注入沸水，绝对不会因温度突变而胀裂。因为砂质传热比较慢，泡茶后握持不会烫手。不但如此，紫砂壶还可以放在文火上烹烧加温，也不会因受火而裂。

盖碗泡法

盖碗是一种上有盖、下有托、中有碗的茶具，茶碗上大下小，盖可入碗内，茶船作底承托。喝茶时盖不易滑落，有茶船为托又可避免烫到手。下面介绍一下花茶用盖碗冲泡的方法。

1. 准备茶具

根据客人的人数，将几套盖碗摆在茶盘中心位置，盖与碗内壁留出一小间隙，茶盘内左上方摆放茶筒，开水壶放在茶盘内右下方。

准备茶具

2. 温壶

注入少许开水入壶中，温热壶。将温壶的水倒入废水盂，再注入刚沸腾的开水。

温壶的步骤

3. 温盖碗

将碗盖按抛物线轨迹放在托碟右侧，用壶从左到右依次冲水至盖碗总容量的1/3，盖上盖，稍等片刻。打开盖，双手捏住盖碗，按顺时针回转一圈，倒掉盖碗中的水，然后将盖碗放在原来的位置。依此方法——温热盖碗。

温盖碗的步骤

4. 置茶

用茶匙从茶罐中取茶叶直接投放盖碗中，通常150毫升容量的盖碗投茶2克。

置茶的步骤

213

5. 冲泡

用单手或双手回旋冲泡法，依次向盖碗内注入约容量 1/4 的开水；再用"凤凰三点头"手法，依次向盖碗内注水至七分满。如果茶叶类似珍珠形状不易展开，应在回旋冲泡后加盖，用摇香手法令茶叶充分吸水浸润；然后揭盖，再用"凤凰三点头"手法注入开水。

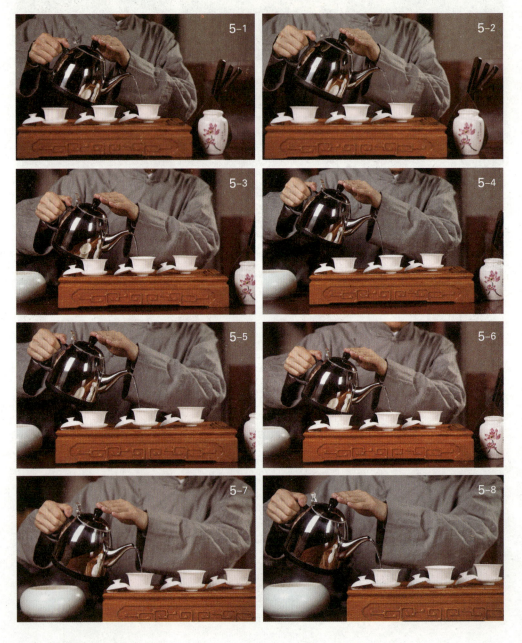

冲泡的步骤

6.闻香、赏茶

双手连托端起盖碗，用左手前四指部位托住茶托底，拇指按在茶托沿上，右手腕向内一转搭放在盖碗上；用大拇指、食指及中指拿住盖钮，向右下方轻按，使碗盖左侧盖沿部分浸入茶汤中，再向左下方轻按，令碗盖左侧盖沿部分浸入茶汤中；右手顺势揭开碗盖，将碗盖内侧朝向自己，凑近鼻端左右平移，嗅闻茶香；用盖子刮去茶汤表面浮叶，边刮边观赏汤色；后将碗盖左低右高斜盖在碗上。

闻香、赏茶的步骤

7. 奉茶

双手连托端起盖碗,将泡好的茶依次敬给来宾,请客人喝茶。

奉茶的步骤

8. 品饮

端起盖碗,轻轻将盖子揭开,小口喝入,细细品,边喝边用碗盖在水面轻轻刮一刮,避免喝到茶叶,而且能使茶水上下翻转调节茶味的浓淡(轻刮则淡,反之则浓)。

品饮的步骤

9. 续水

盖碗茶一般续水1—2次,泡茶者用左手大拇指、食指、中指拿住碗盖提钮,将碗盖提起并斜挡在盖碗左侧,右手提开水壶高冲低斟向盖碗内注水。

续水的步骤

10. 洁具

冲泡完毕，盖碗中逐个注入开水——清洁，清洁后将所有茶具收放至原位。

喝盖碗茶的妙处就在于，碗盖使香气凝集，揭开碗盖，茶香四溢并用盖赶浮叶，不使沾唇，便于品饮。

洁具的步骤

飘逸杯泡法

飘逸杯，也称茶道杯。用飘逸杯泡茶不需要茶盘、公道杯等，只需要一个杯子即可，但与盖碗相比少了许多品茶的感觉。它的出水方式与紫砂壶和盖碗都不一样，虽然简单，但其泡茶方法也是有讲究的。

1. 烫杯洗杯

准备好要用的茶具。飘逸杯与其他茶具不同，它有内胆、大外杯和盖子，

烫杯洗杯的步骤

所以烫杯的时候这三者都要用开水好好烫一遍，开水放进去稍等一两分钟，保证没有异味。特别是长时间没用过的飘逸杯，在泡茶之前一定要烫洗干净。之后检查内胆有没有破洞，控制出水杆的下压键是否灵活好用，各个部件都检查完毕，就可以把烫杯用的水倒掉，将干净的杯子放置在茶帘上。

2. 放茶叶

用茶则将茶叶拨入飘逸杯中，放茶叶的量根据个人口味来定，想喝浓点的就多放点儿茶叶，想喝淡点的就少放点儿。如果着急喝，也可以多放茶叶，这样就可以快速出汤。

放茶叶的步骤

3. 洗茶

根据生茶和老茶的不同，洗茶步骤也有不同。喝生茶时洗茶步骤相对简单，开水冲入杯中，让茶叶充分浸润，然后倒掉水就可以了。如果喝老茶，洗茶的过程要稍微麻烦一些，老茶放置时间比较长，容易有灰尘。洗茶时，注水的力度相

洗茶的步骤

对要大、要猛，出水要快，注满沸水，要立即按下出水杆的按钮，倒掉洗茶水。飘逸杯出水的过程跟其他茶具不同，它是由上而下，所以出水速度要快，如果速度慢了，原来被激起的一些杂质会再次附着在茶叶上，达不到洗茶的目的。

4. 冲泡茶

冲泡的时候注水不要太猛，要相对轻柔一点儿，以保证茶汤的匀净。然后茶叶经过冲泡出汤，按下出水杆的按钮，等到茶汤完全漏入杯中即可。

冲泡茶的步骤

5. 品茶

如果是在办公室自己喝茶，出汤之后，直接拿着杯子喝即可；如果多人喝茶，需要准备几个小杯子，把飘逸杯中的茶汤倒入小杯子中就好了。慢慢品尝，闻茶香品茶味。

品茶

用飘逸杯泡茶，步骤相对简单，同一杯组可同时泡茶、饮茶，不必另备茶海、杯子、滤网等。泡茶速度快，适合居家待客，可同时招待十余位朋友，不会有冲泡不及的尴尬，还可以办公室自用，可将外杯当饮用杯使用。清洗杯子比较容易，掏茶渣也很简单，只要打开盖子把内杯向下倾倒，茶渣就会掉出来，再倒进清水清洁即可。

小壶泡法

小壶由于也是用紫砂做的，其泡茶方法与普通的紫砂壶有相似的地方，又有不同，下面就介绍小壶详细的泡茶方法。

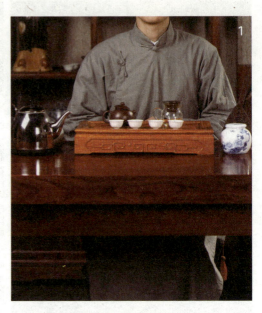

1. 备具、备茶和备水

首先选一把精巧的小壶，茶盅的个数与客人的人数相对应，此外还要准备泡茶的茶杯、茶盅以及所需要的置茶器、理茶器、涤洁器等相关用具。

准备茶叶，取出泡茶所需茶叶放入茶荷。准备开水，如果现场烧煮开水，则准备泡茶用水与煮水器；如果开水已经烧好了，倒入保温瓶中备用。

备具、备茶和备水

2. 冲泡前的准备

（1）温茶壶。用开水浇烫小壶和公道杯，清洗茶具同时提高小壶和公道杯的温度，为温润泡做好准备。

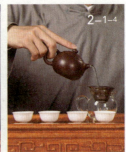

温茶壶的步骤

（2）取茶。用茶则从茶叶罐中取出茶叶放入茶荷中，根据人数决定取茶的分量。

取茶的步骤

（3）放茶。用茶则将茶叶拨进壶中后，盖上壶盖。然后用双手捧着壶，连续轻轻地前后摇晃3—5下，以促进茶香散发，并使开泡后茶的内质释放出来。

放茶的步骤

（4）温润泡。把开水注入壶中，直到水满溢出为止。这时用壶盖拨去水面表层的泡沫，盖上壶盖，茶叶在吸收一定水分后即会呈现舒展状态。

温润泡的步骤

（5）烫杯。将温润泡的茶水倒入公道杯中，再将公道杯中的茶水依次倒入茶盅中，用茶夹夹住茶盅，手腕顺时针旋转清洗茶盅，将温热好的茶盅放在茶托上。

烫杯的步骤

3.冲泡

第一泡，将适温的热水冲入小壶，盖上壶盖，静置大概 1 分钟。将茶汤倒入公道杯中，为客人分茶。

冲泡的步骤

4.奉茶、品茶

主人双手端茶给客人，客人细细品茶。品茶时先闻茶香，再啜饮茶汤，先含在口中品尝味道，然后慢慢咽下感受滋味变化。

奉茶、品茶的步骤

第二泡泡茶时间要比第一泡多15秒，接着第三泡、第四泡泡茶时间依次增加，一般能泡2—4次。

喝完茶，主人要用茶匙掏去茶味已淡的茶渣，并把茶具一一清洗干净，然后将所有茶具放回原来的位置。

小壶由于体积比较小，根据不同的茶叶外形、松紧度，放茶量有所不同，非常蓬松的茶，如清茶、白毫乌龙等，放七八分满；较紧结的茶，如揉成球状的安溪铁观音、纤细紧结的绿茶等，放1/4壶；非常密实的茶，如片状的龙井、针状的工夫红茶等，放1/5壶。

瓷壶泡法

瓷壶大约出现在新石器时代，最初没有固定的形状，直到两晋时出现的鸡首壶、羊首壶首开一侧有流、一侧安执手的形制，才为瓷壶这种器物最终定形，并一直沿用到现在。那么，用瓷壶泡茶的方法是怎样的呢？

1.温烫瓷壶

将沸水冲入壶中，水量三分满即可，温壶的同时清洗了瓷壶。

温烫瓷壶的步骤

2. 温烫公道杯和品茗杯

为了做到资源不浪费，温瓷壶的开水不要倒掉，直接倒入公道杯，温烫公道杯，再将公道杯中的水倒入品茗杯中，温烫清洗品茗杯，之后把水倒掉。

温烫公道杯和品茗杯的步骤

3. 投入茶叶

将茶荷中备好的茶叶轻轻放入壶中。

投入茶叶

4. 温润泡

将沸水冲入壶中，静置几秒钟，干茶经过水分的浸润，叶子慢慢舒展开，温润茶叶。最后，倒掉水。

温润泡的步骤

5. 正式冲泡

将沸水冲入壶中，冲泡茶叶。等到茶汤慢慢浸出，将冲泡好的茶汤倒入公道杯中。

正式冲泡的步骤

6. 分茶饮茶

将公道杯中的茶汤均匀地分入品茗杯中，七分满即可。端起品茗杯轻轻闻其香气，然后小口慢喝，品饮茶的味道。

分茶饮茶的步骤

7. 清洗瓷壶

泡过茶以后，瓷壶的内壁上就会有茶垢，如果不去除，时间长了，越积越厚，颜色也会变黑，十分难看，还容易产生异味，所以用完瓷壶要立即清洗，取出叶底，最后清洗瓷壶内壁的茶垢。

瓷壶不但外形好看，好多茶都可以用瓷壶来泡，而且其适应性比较强，无论是绿茶、红茶、普洱还是铁观音，泡过一种茶之后，立即擦洗干净就可直接泡其他种类的茶，还不会串味。

清洗瓷壶

第四章

品茶香，
知茶事，
悟茶道

品茶篇

品茶的四要素

品茶可分为四个要素，分别是观茶色、闻茶香、品茶味、悟茶韵。这四个要素使人分别从茶汤的色、香、味、韵中得到审美的愉悦，将其作为一种精神上的享受，更视为一种艺术追求。不同的茶类会形成不同的颜色、香气、味道以及茶韵，要细细品啜，徐徐体察，从不同的角度感悟茶带给我们的美感。

观茶色

观茶色即观察茶汤的色泽和茶叶的形态。以下的哲理故事与其有一定的关联：相传，闲居士与老禅师是朋友。一次，老禅师请闲居士喝普洱茶。闲居士接过茶杯正要喝时，老禅师问他："佛家有言，色即是空，空即是色。你看这杯茶汤是什么颜色？"闲居士以为老禅师在考他的领悟能力，于是微笑着回答："是空色的。"老禅师又问："既然是空色的，又哪来颜色？"闲居士一听完全不知道怎么回答，便请教老禅师。老禅师心平气和地回答道："你没有看见它是深红色的吗？"闲居士听完之后，对其中的深意忽然顿悟。

故事中俩人喝的是普洱茶，它所呈现的茶汤颜色是深红色的，而不同的茶类有着不同的色泽，我们分别从茶汤的色泽和茶叶的形态两方面品鉴一下。

1. 茶汤的色泽

冲泡之后，茶叶由于浸泡在水中，几乎恢复到了自然状态。茶汤颜色随着茶叶内含物质的析出，也由浅转深，晶莹澄清。而几泡之后，汤色又由深变浅。各类茶叶各具特色，不同的茶类又会形成不同的颜色。有的黄绿，有的橙黄，有的浅红，有的暗红等。同一种茶叶，由于使用不同的茶具和冲泡用水，茶汤也会出现色泽上的差异。

观察茶汤的色泽，主要是看茶汤是否清澈鲜艳、色彩明亮，并具有该品种应有的色彩。茶叶本身的品质好，色泽自然好，而泡出来的汤色也十分漂亮。但有些茶叶因为存放不当，泡出的茶不但有霉腐的味道，而且茶汤也会变色。

除此之外，影响茶汤颜色的因素还有许多，例如用硬水泡茶，茶汤有石灰涩味，色泽浑浊。又如用来泡茶的自来水带铁锈，茶汤便带有铁腥味，色泽也可能变得暗沉淤黑。

黄山毛峰茶汤　　西湖龙井茶汤

以下介绍几类优质茶的茶汤颜色（本页茶汤配图由下至上分别为1—3或4泡的茶汤）特点：

绿茶。绿茶由于制作时以高温杀青，因此叶绿素使茶叶保持翠绿的色泽。按叶片的色泽来说，可分深绿色、黄绿色，而茶叶越嫩，叶绿素的含量越少，便呈黄绿色。这也是龙井茶的色泽称为"炒米黄"的原因所在。而毛峰茶冲泡之后，茶汤都应是清澈浅绿，高级烘青冲泡之后，茶汤应显深绿，我们完全可以由茶汤的这个特点来判断绿茶品质的好坏。

普洱茶。普洱茶因制作工艺不同，茶汤所呈现的色泽也略有不同，常见的汤色有以下几种：茶汤颜色呈现红而暗的色泽，略显黑色，欠亮；茶汤颜色红中透着紫黑，均匀且明亮，有鲜活感；茶汤颜色黑中带紫，红且明亮，有鲜活感；茶

宫廷普洱茶汤　　老茶头茶汤　　普洱散茶茶汤　　熟饼茶茶汤　　熟砖茶茶汤

汤呈现暗黑色，有鲜活感等。这几种汤色都算得上优品普洱茶。

工夫茶。工夫茶4—5泡的茶汤色浓而不红，淡而不黄，即在橙红与橙黄之间时，应有鲜亮的感觉，这样的汤色可谓工夫茶中的上品。

坦洋工夫茶汤　　铁观音（乌龙茶）茶汤

2. 茶叶的形态

观察茶叶的形态，主要分为观察干茶的外观以及冲泡之后的叶底两部分。

干茶的外观。每类茶叶的外观都有各自的特点，一般体现在色泽、质地、均匀度、紧结度、有无显毫等。

一般来说，新茶色泽都比较清新悦目，或嫩绿或墨绿。炒青茶色泽灰绿，略

| 信阳毛尖的干茶 | 茉莉银针的干茶 | 西湖龙井的干茶 | 茉莉龙珠的干茶 |

带光泽。绿茶以颜色翠碧，鲜润活气为好，特别是一些名优绿茶，嫩度高，加工考究，芽叶成朵，在碧绿的茶汤中徐徐伸展，亭亭玉立，婀娜多姿，令人赏心悦目。

　　如果干茶色泽发枯发暗发褐，表明茶叶内质有不同程度的氧化；如果茶叶叶片上有明显黑色或深酱色斑点或叶边缘为焦边，也说明不是好茶；如果茶叶色泽花杂，颜色深浅反差较大，说明茶叶中夹有黄片、老叶甚至有陈茶，这样的茶也算不上好茶。

　　看叶底。看叶底即观看冲泡后充分展开的叶片或叶芽是否细嫩、匀齐、完整，有无花杂、焦斑、红筋、红梗等现象，乌龙茶还要看其是否具有"绿叶红镶边"。

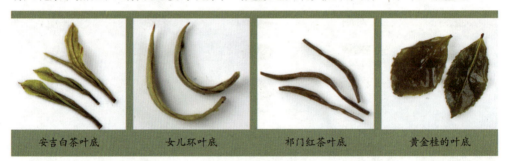

| 安吉白茶叶底 | 女儿环叶底 | 祁门红茶叶底 | 黄金桂的叶底 |

　　茶叶随陈化期时间增长，叶底颜色由新鲜翠绿转橙红鲜艳。生茶的茶叶随着空气中的水分来氧化发酵，由新鲜翠绿，进而转嫩软红亮。因此，若是在潮湿不通风的仓储环境陈化，经半个世纪或一百年也不会有多大效益，因为茶的发酵将彻底失去意义，叶面将暗黑无弹性感。

　　以上是大家对茶叶最初的印象，不过有时候茶叶的色泽会经过处理，这就需要我们仔细品鉴，并从其他几个要素中综合考虑茶叶的品质。

闻茶香

　　观茶色之后，我们就需要嗅闻茶汤散发出的香气了。闻茶香主要包括三个方面，即干闻、热闻和冷闻。

干闻　　　　　　　　　　热闻　　　　　　　　　　冷闻

1. 干闻

干闻即闻干茶的香味。一般来说，好茶的茶香格外明显。如新绿茶闻之有悦鼻高爽的香气，其香气有清香型、浓香型、甜香型；质量越高的茶叶，香味越浓郁扑鼻。口嚼或冲泡，绿茶发甜香为上，如闻不到茶香，或是香气淡薄或有一股陈气味，例如闻到一股青涩气、粗老气、焦烟气，则是劣质的茶叶。

2. 热闻

热闻即冲泡茶叶之后，闻茶的香味。泡成茶汤后，不同的茶叶具有各自不同的香气，会出现清香、板栗香、果香、花香、陈香等，而每种香型又分为馥郁、清高、鲜灵、幽雅、纯正、清淡、平和等多种，仔细辨认，趣味无穷。

3. 冷闻

当茶器中的茶汤温度降低后，我们可以闻一闻茶盖或杯底的留香，这个过程即冷闻，此时闻到的香气与高温时亦不同。因为温度很高时，茶叶中的一些独特的味道可能被挥发出的芳香物质掩盖，但茶汤温度降低后，由于温度较低，那些曾经被掩盖的味道在这个时候会逐渐散发出来。

在精致透明的玻璃杯中加少许茶叶，在沸水冲泡的瞬间，让迷蒙着的茶香袅袅地腾起，深深地吸一口气，那香气已经被深深地吸入肺腑。茶香混合着热气缕缕沁出，乃是一番闻香的享受。

品茶味

闻香之后，我们用拇指和食指握住品茗杯的杯沿，中指托着杯底，分3次将茶水细细品啜，这就是品茶的第三个要素——品茶味。

清代大才子袁枚曾说："品茶应含英咀华，并徐徐咀嚼而体贴之。"这正是教我们品茶的步骤，也特别强调了一个词语：徐徐。这句话的意思就是，品茶时，应该将茶汤含在口中，像含着一片花瓣一样慢慢咀嚼，细细品味，吞下去时还要注

品茶味

意感受茶汤经过喉咙时是否爽滑。

茶汤入口时，可能有或浓或淡的苦涩味，但这不需要担心，因为茶味总是先苦后甜的。茶汤入口后，也不要立即下咽，而要在口腔中停留，使之在舌头的各部位打转。舌头各部位的味蕾对不同滋味的感觉是不一样的，如舌尖易感觉酸味，近舌根部位易辨别苦味。让茶汤在口腔中流动，与舌根、舌面、舌侧、舌端的味蕾充分接触，品尝茶的味道是浓烈、鲜爽、甜爽、醇厚、醇和，还是苦涩、淡薄或生涩，让舌头充分感受茶汤的甜、酸、鲜、苦、涩等味，这样才能真正品尝到茶汤的美妙滋味。最后咽下之后，口里回甘，韵味无穷。

一般来说，品茶品的是五感，即调动人体的所有感觉器官用心去品味茶，欣赏茶，五品分别是眼品、鼻品、耳品、口品、心品。眼品就是用眼睛观察茶的外观形状、汤色等；鼻品就是用鼻子闻茶香；耳品是指注意听主人或茶艺表演者的介绍，知晓与茶有关的信息的过程；口品是指用口舌品鉴茶汤的滋味，这也是品茶味的重点所在；心品是指对茶的欣赏从物质角度的感性欣赏升华到精神的高度，它更需要人们具备一定的领悟能力。

我国的茶品繁多，其品质特性各不相同，因此，品饮不同的茶所侧重的角度也略有不同，以下分别介绍了品饮不同茶叶的方法，以供大家参考。

1. 绿茶

绿茶，尤其是高级细嫩绿茶，其色、香、味、形都别具一格。品茶时，可以先透过晶莹清亮的茶汤，观赏茶的沉浮、舒展和姿态，察看茶汁的浸出、渗透和汤色的变化。然后端起茶杯，先闻其香，再呷上一口，含在口中，让茶汤在口舌间慢慢地来回旋动。上好的绿茶，汤色碧绿明澄，茶叶先苦涩后浓香甘醇，且带有板栗的香味。这样往复品尝几次之后，便可以感受得到其汤汁的鲜爽可口。

2. 红茶

品饮红茶的重点在于领略它的香气、滋味和汤色。品饮时应先观其色泽，然后闻其香气，最后品尝茶味。饮红茶须在"品"字上下功夫，慢慢斟饮，细细品味，才可获得品饮红茶的真趣。品饮之后，我们一定会了解为什么人们将红茶称为"迷人之茶"了。

3. 乌龙茶

乌龙茶品饮的重点在于闻香和尝味，不重品形。品饮时先将壶中茶汤趁热倒入公道杯，之后分注于闻香杯中，再倾入对应的小杯内。品啜时，先将闻香杯置于双手手心，使闻香杯口对准鼻孔，再用双手慢慢来回搓动闻香杯，使杯中香气最大限度地挥发。品啜时，可采用"三龙护鼎"式端杯方式，体悟乌龙茶的美妙与魅力。

4. 白茶与黄茶

白茶和黄茶都具有极高的欣赏价值，品饮的方法也与其他类茶叶有所不同。先用无花纹的透明玻璃杯以开水冲泡，观赏茶芽在杯中上下浮动，再闻香观色。一般要在冲泡10分钟左右后才开始尝味，这时的味道最好。

5. 花茶

花茶既包含了茶坯的清新，又融合了花朵的香气，品尝起来具有独特的味道。茶的滋味为茶汤的本味。花茶冲泡2—3分钟后，即可用鼻闻香。茶汤稍凉适口时，喝少许茶汤在口中停留，以口吸气、鼻呼气相结合的方法使茶汤在舌面来回流动，品尝茶味和余香。

 茶典、茶人与茶事

袁枚品武夷岩茶

袁枚生活在清代乾隆年间，号简斋，著有《随园诗话》一书。他一生嗜茶如命，特别喜欢品尝各地名茶。他听说武夷岩茶很有名，于是特意来到武夷山，但是尝遍了武夷岩茶，却没有一种满意的滋味，因此他失望地说道："徒有虚名，不过如此。"

他得知武夷宫道长对品茶颇有研究，于是登门拜访。见了道长之后，袁枚问道："陆羽被世人称为茶圣，可是在《茶经》中却没有写到武夷岩茶，这是为什么呢？"道长笑笑没有回答，只是把范仲淹的《和章岷从事斗茶歌》拿给他看。袁枚读过这首诗，可是觉得词写得很夸张，心中有些不以为然。道长明白他的心思，因而说道："根据蔡襄的考证，陆羽并没有来过武夷山，因而没有提到武夷岩茶。从这点可以说明陆羽的严谨态度。您是爱茶之人，不妨试试老朽的茶，不知怎样？"

袁枚按照道长的指示，开始品尝茶，茶一入口，他感到一股清香，所有的疲劳都消失了。这杯茶和以前所喝的都不相同，于是他连饮五杯，并大声叫道："好茶！"袁枚很感谢道长，对道长说道："天下名茶，龙井味太薄，阳羡少余味，武夷岩茶真是名不虚传啊！"

茶是世间仙草，茶是灵秀隽永的诗篇，我们要带着对茶的深厚感情去品饮，才能真正领略到好茶的"清、鲜、甘、活、香"等特点，让其美妙的滋味在舌尖唇齿间演绎一番别样的风情。

悟茶韵

茶韵是一种感觉，是美好的象征，是一种超凡的境界，是茶的品质、特性达到了同类中的最高品位，也是我们在饮茶时所得到的特殊感受。

其实，观茶色、闻茶香，小口品啜温度适口的茶汤之后，便是悟茶韵的过程。让茶汤与味蕾最大限度地充分接触，轻缓地咽下，此时，茶的醇香味道以及风韵之曼妙就全在于自己的体会了。

茶品不同，品尝之后所得到的感受也自然不同。可以说，不同种类的茶都有其独特的"韵味"，例如，西湖龙井有"雅韵"；岩茶有"岩韵"；普洱茶有"陈韵"；午子绿茶有"幽韵"；黄山毛峰有"冷韵"；铁观音有"音韵"；等等。以下分别介绍各类茶的不同韵味，希望大家在品鉴茶的时候能感悟出其独特的韵味来。

1. 雅韵

雅韵是西湖龙井的独特韵味。龙井茶色泽绿翠，外形扁平挺秀，味道清新醇美。取一些泡在玻璃直筒杯中，可以看到其芽叶色绿，好比出水芙蓉，栩栩如生。因此，龙井茶向来以"色绿、香郁、味甘、形美"四绝著称，实在是雅致至极，无愧于"雅韵"。

2. 岩韵

岩韵是岩茶的独特韵味，俗称岩石味，滋味有特别的醇厚感，人们说"水中有骨感"就是这个意思。饮后回甘快、余味长；喉韵明显；香气无论高低都持久浓厚，冷闻依然幽香明显，香味能在口腔中保留很久。

由于茶树生长在武夷山丹霞地貌区域内，经过当地传统栽培方法，采摘后的茶叶又经过特殊制作工艺形成，其茶香茶韵自然具有独有的特征。品饮之后，自然独具一番情调。

3. 陈韵

　　众所周知，普洱茶是越陈的越香，就如同美酒一样，必须经过一段漫长的陈化过程。因而品饮普洱茶时，就要感悟其中"陈韵"的独特味道。其实，陈韵是一种经过陈化后所产生出来的韵味，优质的热嗅陈香显著浓郁、纯正，"气感"较强；冷嗅陈香悠长，是一种干爽的味道。将陈年普洱茶冲入壶中，冲泡几次之后，其独特的香醇味道自然散发出来，细细品味一番，你一定会领略到普洱茶的独特陈韵。

4. 幽韵

　　午子绿茶外形紧细如蚁，锋毫内敛，色泽秀润，干茶嗅起来有一股特殊的幽香，因而，有人称其具有"幽韵"。冲泡之后，其茶汤色清澈绿亮，犹如雨后山石凹处积留的一洼春水，清幽无比。品饮之后，那种幽香的感觉仿佛仍然环绕在身旁。

　　细啜一杯午子绿茶，闭目凝神，细细体味那一缕幽香的韵味，感悟唇齿间浑厚的余味以及回甘，相信这种幽韵一定能带给你独特的感悟。

5. 冷韵

　　冷韵是黄山毛峰的显著特点。明代的许楚在《黄山游记》中写道："莲花庵旁，就石隙养茶，多清香，冷韵袭人齿腭，谓之黄山云雾。"文中提到的黄山云雾就是黄山毛峰的前身。

　　用少量的水浸湿黄山毛峰，看着那如花般的茶芽在水中簇拥在一起。由于茶水温度较低，褶皱着的茶叶还未展开，其色泽泛绿，实在惹人怜爱。那淡淡的冷香之气会随着茶杯摇晃而散发出来，轻抿一口，仿佛能体味到黄山中特有的清甘润爽之感。

6. 音韵

　　音韵是铁观音的独特韵味，即观音韵。冲泡之后，其汤色金黄浓艳似琥珀，有天然馥郁的兰花香，滋味醇厚甘鲜，回甘悠久，留香沁人心脾，耐人寻味，引人遐思。观音韵赋予了铁观音浓郁的神秘色彩，也正因如此，铁观音才被形容为"美如观音，重如铁"。

　　当你感到身心疲惫的时候，不如播放一首轻松的大自然乐曲，或是一辑古典的筝笛之音，点一炷檀香，冲一壶上好的铁观音，有人同啜也好，一人独品也罢，只需将思绪完全融入茶中，细品人生的味道即可。

品茶的精神与艺术

茶与修养

品茶是一门综合艺术，人们通过饮茶可以达到明心见性，提高审美情趣，完善人生价值取向的作用。也就是说，茶与个人的修养息息相关。

《茶经》中提到："茶者，南方之嘉木也。"茶之所以被称为嘉木，正是因为茶树的外形以及内质都具有质朴、刚强、幽静和清纯的特点。另外，茶树的生存环境也很特别，常生在山野的烂石间，或是黄土之中，向人们展示着其坚强刚毅的特点，这与人的某些品质也极其相似。

人们通过接触茶、了解茶、品茶评茶之后，往往能够进入忘我的境界，从而远离尘世的喧嚣，为自己带来身心的愉悦感受。因为茶洁净淡泊、朴素自然，所以在感受茶之美的过程中，我们常常借助茶的灵性去感悟生活，不断调适自己，修养身心，自我超越，从而拥有一份美好的情怀。

冲泡沸水之后，茶汤变得清澈明亮，香味扑鼻，高雅却不傲慢，无喧嚣之态，也无矫揉造作之感。茶的这种特性与人类的修养也很相似，表现在人生在世做人做事的一种态度。而延伸到人的精神世界中，则成了一种境界、一种品格、一种智慧。因而，我们可以将茶与人的修养联系在一起，从而达到"以茶为媒"、修身养性的作用。

然而，现代生活节奏加快，人们承受着来自各方面的压力，常常感叹活得太累、太无奈，似乎已经失去了自我。而茶的一系列特点，例如性俭、自然、中正和纯朴，都与崇尚虚静自然的思想达到了最大限度的契合。所以，生活在现今社会的人们已经将饮茶作为一种清清净净的休闲生活方式，它正如一股涓涓细流滋润着人们浮躁的心灵，平和着人们烦躁的情绪，成为人们最好的心灵抚慰剂。看似无为而又无不为，让心境恢复清静平和状态，使生活、工作更有条理，同样是一种积极的人生观的体现。

　　烹茶以养德，煮茗以清心，品茶以修身。通过品茶这一活动的确可以表现一定的礼节、意境以及个人的修养等。我们在品茶之余，可以在沁人心脾的茶香中将自己导入冷静、客观的状态，反省自己的对错，反思自己的得失，以追求"心"的最高享受。

茶之十德

　　唐末刘贞亮提出茶有"十德"，分别是：以茶散郁气；以茶驱睡气；以茶养生气；以茶除病气；以茶利礼仁；以茶表敬意；以茶尝滋味；以茶养身体；以茶可行道；以茶可雅志。由此看来，茶之十德其实是指茶之"十用"，即茶的十种益处或功效。

茶点与茶

　　茶的作用非常多，根据其"十德"，我们可归纳为茶有以下用途，即散郁结、养生、养气、除病、行道、利礼仁、表敬、赏味、养身、雅致。

1. 散郁结

　　散郁结即消除郁结情绪。现在市场上有许多茶类产品都可以起到这种作用，例如保健茶、花草茶等。冲泡之后，看着其艳丽的色泽，闻着袅袅的香气，以及品饮着独特的味道，人们心中的郁结之情一定会减少许多。因为这些茶类中含有可以舒缓心情的茶元素，散郁的效果自然也很显著。

2. 养生

　　茶具有养生作用，例如提神醒脑、消脂减肥、利尿通便、保护牙齿、消炎杀菌、美容护肤、清心明目、消渴解暑、戒烟醒酒、暖胃护肝等。

3. 养气

养气主要是指保养人的元气,如菊花茶。人们还可根据自己的喜好,用红枣、桂圆等滋补类的食材制成香浓的滋补花草茶,既可起到养气的作用,又可将其作为营养饮品,实在是一举多得。

4. 除病

多种实验和数据表明,茶还具有抑制心脑血管疾病等作用。

5. 行道

在日本,茶有茶道,花有花道,香有香道,剑有剑道。而在中国不同,中国人不轻易言道,在所有饮食、娱乐等活动中能升华为"道"的只有茶道。

6. 利礼仁

我国自古以来讲究"礼仁"二字。以礼待客,以礼待人,都是我们从茶中得到的启示。茶德仁,自抽芽、展叶、采摘、揉捻、发酵、烘焙到成茶,需要经历一个漫长而艰难的过程。这是一次苦难的洗礼,也是道德的升华,唯有仁人志士才能体会出茶的仁德,并生仁爱之心。

7. 表敬

我国的茶道就包含"敬"这个字，即尊敬。对待客人要尊敬，对待亲人要尊敬，对待朋友要尊敬，茶道茶艺中的每个动作皆可以带给人们这种感觉。

8. 赏味

品茶时，我们可以品尝到茶汤的美味。通过各类不同茶叶的滋味，我们还可以体会其茶韵，获得极大的收获。

9. 养身

茶中有许多种滋养身体、强身健体的茶元素，这些茶元素可以起到养身的作用。因此，老年人很适合饮茶。

10. 雅致

无论是冲泡之后茶叶的舒展形态，还是别具一格的清幽香气，抑或极富深意的茶韵以及品茶时的环境特点，都包含了"雅致"二字。点一炷香，听一段舒缓的古筝曲，捧起茶盏，与友人轻声慢语地闲谈几句，相信这幅画面必定极其雅致。

茶之十德，将喝茶与生活中的各类事情联系在一起，不仅使它看起来极其重要，也使茶文化被更多人认可。

茶只斟七分满

"七分茶，八分酒"是我国的一句俗语，也就是说斟酒斟茶不可斟满，茶斟七分，酒斟八分。如果斟得太满，就会让客人不好端，溢出来不但浪费，还会烫着客人的手或洒到他们的衣服上，不仅令人尴尬，也使主人失了礼数。因此，斟酒斟茶以七八分为宜，太多或太少都是不可取的。

"斟茶七分满"这句话还有一个典故，据说是关于王安石和苏东坡的。

一日，王安石刚写了一首咏菊的诗："西风昨夜过园林，吹落黄花满地金。"正巧有客人来了，便停下笔，去会客。这时刚好苏东坡来了，当时的苏轼正是血气方刚，意气风发，春风得意之时，看到这两句诗后颇有些不以为然。菊花最能耐寒，敢与秋霜斗，他所见到的菊花只有干枯在枝头，哪有被秋风吹落得满地皆是呢？"吹落黄花满地金"显然是大错特错了。于是他提起笔来，在纸上接着写了两句："秋花不比春花落，说与诗人仔细吟。"写完就走了。

王安石回来之后看到了纸上的那两句诗，心想着这个年轻人实在有些自负，

斟茶

奉茶

不过也没有声张，只是想用事实教训他一下，于是借故将苏东坡贬到湖北黄州。临行时，王安石让他再回来时为自己带一些长江中峡的水。

苏东坡在黄州住了许久，正巧赶上九九重阳节，就邀请朋友一同赏菊。可到了园中却看见菊花纷纷扬扬地落下，像是铺了满地的金子，他顿时明白了王安石那两句诗的含义，也为自己曾经续诗的事感到惭愧。

待苏东坡从黄州回来之时，由于在路途上只顾观赏两岸风景，船过了中峡才想起取水的事，于是就想让船掉头。可三峡水流太急，小船怎么能轻易回头？没办法，他只能取些下峡的水带给王安石。

王安石看到他带来了水很高兴，于是取出皇上赐给他的蒙顶茶，用这水冲泡。斟茶时，他只倒了七分满。苏东坡觉得他太过小气，一杯茶也不肯倒满。王安石品过茶之后，忽然问："这水虽然是三峡水，可不是中峡的吧？"苏东坡一惊，连忙把事情的来由说了一遍。王安石听完这才说："三峡水性甘纯活泼，但上峡失之轻浮，下峡失之凝浊，只有中峡水中正轻灵，泡茶最佳。"他见苏东坡恍然大悟一般，又说："你见老夫斟茶只有七分，心中一定编派老夫的不是。这长江水来之不易，你自己知晓，不消老夫饶舌。这蒙顶茶进贡，一年正贡365叶，陪茶20斤，皇上钦赐，也只有论钱而已，斟茶七分，表示茶叶的珍贵，也是表示对送礼人的尊敬；斟满杯让你驴饮，你能珍惜吗？好酒稍为宽裕，也就八分吧。"

由此，"七分茶，八分酒"的这个习俗就流传了下来。现如今，"斟茶七分满"已成为人们倒茶必不可少的礼仪之一，这不仅代表了主人对客人的尊敬，也体现了我国传统文化的博大精深。

六艺助兴

传统文化中所说的"六艺"是指古代儒家要求学生掌握的六种基本才能，即礼、乐、射、御、书、数。而品茶时的六艺却与这有些不同，指的是书画、诗词、音乐、焚香、花艺与棋艺。

1. 书画

书画与品茶之间自古就有着紧密的关联。在现代茶社内部布置上，很注重书画的安排，茶人多将之挂在墙上，衬托茶席的书香气息。与书画相伴来品茶，不仅可以营造浓重的文化氛围，激发才学之士的灵感，也能烘托出具有文化底蕴且宁静致远的品茗气氛。

书画

宋代画家刘松年的《斗茶图》，元代画家赵孟頫的《斗茶图》，明代唐寅或文徵明的《品茶图》、仇英的《松亭试泉图》，清代画家薛怀的《山窗清供图》等意境都很高远，均为古代书画家抒发茶缘的名作珍品。除了这些名人的作品，那些能反映主人心境、志趣的作品也可。

2. 诗词

古人常常在茶宴上作诗作词，"诗兴茶风，相得益彰"便由此而来。茶宴上的诗词既是诗人对生活的感悟，也是一种即兴的畅言。因为诗词，让茶的韵味更具特色；因为诗词，使人的品位提升。在品着新茶的同时吟几句诗是一种自娱，亦是一种助兴。古往今来，数不胜数的诗可信手拈来，在与友人对饮时一展文采，高雅脱俗，真可谓一种怡情养性的享受。

诗词

吟诗作对对有些茶人来说很难，那么也可在墙壁上悬挂与茶有关的诗词。看得久了，读得久了，也自然能咂摸出其中的几分气韵来。

3. 音乐

品茶时的音乐是不可缺少的。古人在饮茶时喜欢临窗倾听月下松涛竹响，抑或雪落沙沙、清风吹菊，获得高洁与闲适的心灵放松。由此看来，音乐与茶有着陶冶性情的妙用，正如白

音乐

居易在《琴茶》诗中所言"琴里知闻唯渌水，茶中故旧是蒙山"。

我们可以在品茶时听的音乐有很多，例如《平湖秋月》《梅花三弄》《雨打芭蕉》等，古琴、古筝、琵琶等乐器所奏的古典音乐，都能营造品茗时宁静幽雅的氛围，传递出缕缕的文化韵味，具有很强的烘托和感染性。

4. 焚香

中国人自古就有"闻香品茶"的雅趣。早在殷商时期，青铜祭器中就已经出现了香器，可见，焚香在那时起就已经成为生活祭奠中的必需品。香之于茶就像美酒之于佳人，二者相得益彰。饮茶时焚的香多为禅院中普遍燃点的檀香，既能够与茶香很好地协调，又能促使杂念消散和心怀澄澈。

当我们心思沉静下来，焚一盘沉香，闻香之际，就会感到有一股清流从喉头沉入，口齿生津，六根寂静，身心气脉畅通。饮茶时点上一炷好香，袅袅的烟雾与幽香，成就了品茶时的另一番风景。

焚香

5. 花艺

品茶时的鲜花一定不能被我们忽视。因为花能协调环境，亦能调节人的心情。花是柔美的象征，其美妙的姿态与芬芳的气息都与茶相得益彰。因此，品茶的环境中摆放几枝鲜花，一定会为茶宴增辉不少。

6. 棋艺

一杯香茗，一盘棋局，组成了一幅清雅静美的画面。在悠闲品茶的同时深思，将宁静的智慧融入对弈之中，僵持犹豫时轻啜一小口清茶，让那种舒缓的感觉冲淡胜负争逐的欲望，相信品茶的趣味性一定会大大提升。

茶与六艺之间的关系极为紧密，六艺衬托了品茶的意境，而茶也带给六艺不同的韵味。我们在品茶的同时，别忘了这几种不同的艺术形式，相信它们一定会带给你独特的精神与艺术的享受。

品茶如品人

"不羡黄金罍，不羡白玉杯。不羡朝入省，不羡暮入台。千羡万羡西江水，曾向竟陵城下来。"由这首诗中，我们可以品味出一个人的性格特点。茶圣陆羽不羡黄金宝物、高官荣华，所羡的只是用

将品茶和品人联系在一起，使品茶成为评判人品如何的一种方法

西江的流水来冲泡一壶好茶。可见一个人的品性特点可以从其对茶品的喜好中体现出来。

茶有优劣之分。好茶与次茶不仅在色泽、形状、香气以及韵味方面有很大差异，人们对其品饮之后的感觉也各有不同。喝好的茶是一种享受，喝不好的茶简直是受罪。有时去别人家做客，主人热情地泡上一杯茶来。不经意间喝上一口，一股陈味、轻微的霉味、其他东西的串味直冲口腔，真是难受。含在口里，咽又咽不下，吐又太失礼，实在让人左右为难。

而人也同样如此，也可分出个三六九等。一个人的气质、谈吐、爱好和行为都可以体现这个人的水平与档次。茶可以使人保持轻松闲适的心境，而那些整天醉生梦死地生活的人，是不会有这样的心情的；那些整天工于心计，算计别人的人也不能是好的茶客；心浮气躁喝不好茶；盛气凌人也无法体会茶中的真谛；唯有那些心无杂念、淡泊如水的人，才能体会到那缕缕萦绕在心头的茶香。

泡好一壶茶，初品一口，觉得有些苦涩，再品其中味道，又觉得多了几分香甜，品饮到最后，竟觉得唇齿留香，实在耐人寻味。这不正如与人交往一样吗？当一个人开始接触某个人的时候，可能会觉得与其性格格格不入，交往得久了才领略到他的独特魅力，直至最后，两人竟成为推心置腹的好友。

人们常常以茶会客，以茶交友。人们在品茶、评茶的同时，其言谈举止、礼仪修养都被展现无余，我们完全可以根据这些来评判一个人的人品。也许在品茗

之时，我们就对一个人的爱好、性格有所了解。若是俩人皆爱饮茶，且脾气相投，那么人生便多了一位知己，总会令人愉悦；而一旦从对方饮茶的习惯等方面看出其人品稍差，礼貌欠缺，还是远远避开为好。

人有万象，茶有千面。茶分许多类，而人也是如此。这由其品质决定，是无法改变的事实。真正的好茶经得起沸腾热水的考验，真正有品质的人同样能承受尘世的侵蚀，心明眼亮，始终保持着天赋本色。品茶如品人，的确如此。

吃茶、喝茶、饮茶与品茶

经常与茶打交道的人一定常听到这几个词：吃茶、喝茶、饮茶与品茶。一般而言，人们会觉得这四个词都是同样的意思，并没有太大的区别，但是细分之后，彼此之间还是有差别的。

1. 吃茶

吃茶强调的是"吃"的动作。在我国有些地区，我们常常会听到这样的邀请："明天来我家吃饭吧，虽然只是'粗茶淡饭'……"这里的"粗茶"只是主人的谦辞罢了，并不是指茶叶的好坏。由此看来，"吃茶"一词便有了一点儿地方特色。

吃茶

一般来说，吃茶的说法在农家更为常见，这词听起来既透露出农家特有的淳朴气息，又多了一份狂放与豪迈之情。如果是小姑娘说出来，仿佛又折射出其大方、纯朴、热情好客的品质。我们可以想象得到，吃茶在某些地区俨然成了人们生活中不可或缺的一部分：一家人围坐在桌旁，桌上放着香气四溢的茶水，老老少少笑容满面地聊天，其乐融融。

2. 喝茶

喝茶强调的是"喝"的动作，它给人的直观感觉就是，将茶水不断往咽喉引流，突出的是一个过程，仿佛更多的是以达到解渴为目的。为了满足人的生理需要，补充人体水分，人们在剧烈运动、体力流失之后，大口大口地急饮快咽，直到解渴为止。因此从以上可以看出，在喝茶的过程中，人们对于茶叶、茶具、茶水的品质都没太多要求，只要干净卫生就可以了。

喝茶也是大家普遍的说法，可以是口渴时胡乱地灌上一碗，可以是随便喝一杯；可以是礼貌的待客之道，可以是自己喝；可以是几个人喝，可以是一群人喝；可以在家里喝；可以在热闹的茶馆喝；可以是懂茶之人喝，也可以是不懂茶之人喝。总之，喝茶拉近了人与人之间的距离。

3. 饮茶与品茶

饮茶包含的是一种含蓄的美，它要求人心绝无杂念，注重的是人与茶感情的融合。同时，它还要求环境静、人静、心静，环境绝对不是热闹的街头茶馆，人也绝对不是三五成群随意聚集，而要显得正式一些。

其实，我们常常把喝茶、饮茶与品茶混为一谈，这在某种程度来说，也并没什么太大的影响。无论是吃茶、喝茶、饮茶还是品茶，都说明了我国茶起源久远，茶历史悠久，而茶文化博大精深，也使茶的精神和艺术得到弘扬。

茶水

 茶典、茶人与茶事

紫砂壶的地位变化

明代蔡司霑的《霁园丛话》中有这样一段话："余于白下获一紫砂罐，有'且吃茶，清隐'草书五字，知为孙高士遗物。"

紫砂壶在以前只是一般的生活用品，并没有什么艺术性，人们对其也没有太多的研究。"且吃茶"是文人撰写壶名的发端，从此以后，给紫砂壶命名也成为文人雅士的乐趣，后来还在紫砂壶上题诗作画，这也使紫砂茶壶从一般的日用品演变为艺术品。

不可不知的茶礼仪

我国自古就被称为礼仪之邦，"以茶待客"历来是中国人日常社交与家庭生活中普遍的往来礼仪之一。因此，了解并掌握好茶礼仪，不仅表现出对家人、朋友、客人的尊敬，也能体现出自己的良好修养。从过程来看，茶礼仪大致可分为泡茶的礼仪、奉茶的礼仪、品茶的礼仪等，每个过程都有许多标准，有些极为重要，我们不可不知。

泡茶的礼仪

泡茶的礼仪可分为泡茶前的礼仪以及泡茶时的礼仪。

1.泡茶前的礼仪

泡茶前的礼仪主要是指泡茶前的准备工作，包括茶艺师的形象以及茶器的准备。

*茶艺师的形象

茶艺表演中，人们较多关注的都是茶艺师的双手。因此，在泡茶开始前，茶艺师一定要将双手清洗干净，不能让手带有香皂味，更不可有其他异味。洗过手之后不要触碰其他物品，也不要摸脸，以免沾上化妆品的味道，影响茶的味道。另外，指甲不可过长，更不可涂抹指甲油，否则会给客人带来脏兮兮的感觉。

除了双手，茶艺师还要注意自己的头发、妆容和服饰。茶艺师如果是长头发，一定要将其盘起，切勿散落下来，造成邋遢的样子；如果是短头发，则一定要梳理整齐，不能让其挡住视线。因为如果头发碰到了茶具或落到桌面上，会使客人觉得很不卫生。在整个泡茶的过程中，茶艺师也不可用手去拨弄头发，否则会破坏整个泡茶流程的严谨性。

茶艺师的妆容也有所讲究。一般来说，茶艺师尽量不上妆或上淡妆，切忌浓妆艳抹和使用香

女性茶艺师的站姿、坐姿演示图

水而影响整个茶艺表演清幽雅致的特点。

茶艺师的着装不可太过鲜艳，袖口也不能太大，以免碰触到茶具。不宜佩戴太多首饰，例如手表、手链等，不过可以佩戴一个手镯，这样能为茶艺表演带来一些韵味。总体来说，茶艺师的着装应该以简约优雅为准则，与整个环境相称。

除此之外，茶艺师的心性在整个泡茶前的礼仪中占据着重要地位。心性是对茶艺师的内在要求，需要其做到神情、心性与技艺相统一，让客人能够感受到整个茶艺表演的清新自如、祥和温馨的气氛，这也是对茶艺师最高的要求。

＊茶器的准备

泡茶之前，要选择干净的泡茶器具。干净茶器的标准是：杯子里不可以有茶垢，必须是干净透明的，也不可有杂质、指纹等异物粘在杯子表面。

茶器的准备

2. 泡茶时的礼仪

泡茶时的礼仪包括开闭茶样罐礼仪、取茶礼仪和装茶礼仪等。

＊开闭茶样罐礼仪

茶样罐大概有两种，套盖式和压盖式，两种茶样罐的开闭方法略有不同，具体方法如下：

套盖式茶样罐。两手捧住茶样罐，用两手的大拇指向上推外层铁盖，边推边转动罐身，使各部位受力均匀，这样就很容易打开。当它松动之后，用右手大拇指与食指、中指捏住外盖外壁，转动手腕取下后按抛物线轨迹放

开闭套盖式茶样罐

到茶盘右侧后方角落，取完茶之后仍然以抛物线的轨迹取回铁盖，用两手食指向下用力压紧盖好后，再将茶样罐放好。

压盖式茶样罐。两手捧住茶样罐，右手的大拇指、食指和中指捏住盖钮，向上提起，沿抛物线的轨迹将其放到茶盘右侧后方角落，取完茶之后按照前面的方法再盖回放下。

＊取茶礼仪

取茶时常用的茶器具是茶荷和茶则，有三种取茶方法。

茶则茶荷取茶法。这种方法一般用于名优绿茶的冲泡，取茶的过程是：左手横握住已经开启的茶罐，使其开口向右，移至茶荷上方。接着用右手大拇指、食指和中指捏茶则，将其伸进茶叶罐中，将茶叶取出放进茶荷内。放下茶叶罐盖好，再用左手托起茶荷，右手拿起茶则，将茶荷中的茶叶拨进泡茶器具中，取茶的过程也就结束了。

茶荷取茶法。这种方法常用于乌龙茶的冲泡，取茶的过程是：右手托住茶荷，令茶荷口向上。左手横握住茶叶罐，放在茶荷边，手腕稍稍用力使其来回滚动，此时茶叶就会缓缓地散入茶荷之中。接着，将茶叶从茶荷中直接投入冲泡器具中。

茶则取茶法。这种方法适用于多种茶的冲泡，取茶的过程是：左手横握住已经打开盖子的茶样罐，右手放下罐盖后弧形提臂转腕向放置茶则的茶筒边，用大拇指、食指与中指三指捏住茶则柄并取出，将茶则放入茶样罐，手腕向内旋转舀取茶样。同时，左手配合向外旋转手腕使茶叶疏松，以便轻松取出，用茶则舀出的茶叶可以直接投入冲泡器具之中。取茶完毕后，右手将茶则放回原来位置，再将茶样罐盖好放回原来位置。

取茶之后，主人在主动介绍该茶的品种特点时，还要让客人依次传递嗅赏茶叶，这个过程也是泡茶时必不可少的。

茶则茶荷取茶法　　　　　　茶荷取茶法　　　　　　茶则取茶法

＊装茶礼仪

用茶则向泡茶器具中装茶叶的时候，也讲究方法和礼仪。一般来说，要按照茶叶的品种和饮用人数决定投放量。茶叶不宜过多，也不宜太少。茶叶过多，茶味过浓；茶叶太少，冲出的茶味就淡。假如客人主动诉说自己喜欢喝浓茶或淡茶的习惯，那就按照客人的口味把茶冲好。这个过程中切记，茶艺师或泡茶者一定不能为了图省事用手抓取茶叶，这样会让手上的气味影响茶叶的品质，另外也使整个泡茶过程不雅观，失去了干净整洁的美感。

＊茶巾折合法

此类方法常用于九层式茶巾：首先，将正方形的茶巾平铺在桌面上，将下端向上平折至茶巾的 2/3 处，再将剩余的 1/3 对折。然后，将茶巾右端向左竖折至 2/3 处，然后对折成正方形。最后，将折好的茶巾放入茶盘中，折口向内。

茶巾折合法

除这些礼仪外，泡茶过程中，茶艺师或泡茶者尽量不要说话。因为口气会影响茶气，影响茶性的挥发；茶艺师闻香时，只能吸气，挪开茶叶或茶具后方可吐气。以上就是泡茶的礼仪，若我们能掌握好这些，就可以在茶艺表演中令客人眼前一亮，也会给接下来的表演创造良好的开端。

奉茶的礼仪

关于奉茶，有这样一则美丽的传说：传说土地公每年都要向玉皇大帝报告人间所发生的事。一次，土地公到人间去观察凡人的生活情形，来到一个地方之后，他感觉特别渴。有个当地人告诉他，前面不远处的树下有个大茶壶。土地公到了那里，果然见到树下放着一个写有"奉茶"的茶壶，他用一旁的茶杯倒了杯茶喝起来。土地公喝完之后感叹道："我从未喝过这么好的茶，究竟是谁准备的？"走了不久，他又发现了带着"奉茶"二字的茶壶，就接二连三地用其解渴。旅行回来之后，土地公在自己的庙里也准备了带有"奉茶"字样的茶壶，以供人随时饮用。当他把这茶壶中的茶水倒给玉皇大帝喝时，玉皇大帝惊讶地说："原来人世间竟然有这么美味的茶！"

虽然这个故事缺乏真实性，却表达了人们"奉茶"时的美好心情。试想，人们若没有待人友好善意的心情，又怎能热忱地摆放写有"奉茶"字样的大茶壶为行人解渴呢？

据史料记载，早在东晋时期，人们就用茶汤待客、用茶果宴宾等。主人将茶端到客人面前献给客人，以表示对其的尊敬之意，因而，奉茶中也有着较多的礼仪。

1. 端茶

依照我国的传统习惯，端茶时要用双手呈给客人，一来表示对客人的诚意，二来表示对客人的尊敬。现在有些人不懂这个规矩，常常用一只手把茶杯递给客人，有些人怕茶杯太烫，直接用五指捏着茶杯边沿，这样不但很不雅观，也不够卫生。试想一下，客人看着茶杯沿上都是主人的指痕，哪还有心情喝下去呢？

端茶

另外，双手端茶也有讲究。首先，双手要保持平衡，一只手托住杯底，另一只手扶住茶杯 1/2 以下的部分或把手下部，切莫触碰到杯子口。其次，茶杯往往很烫，我们最好使用茶托，一来能保持茶杯的平稳，二来便于客人从泡茶者手中接过杯子。最后，如果我们是给长辈或老人端茶时，身体一定要略微前倾，这样表示对长辈的尊敬。

2. 放茶

有时我们需要直接将茶杯放在客人面前，这个时候需要注意的是，要用左手捧着茶盘底部，右手扶着茶盘边缘，接着，再用右手将茶杯从客人右方奉上。如果有茶点送上，应将其放在客人右前方，茶杯摆在点心右边。若是用红茶待客，那么杯耳和茶则的握柄要朝着客人的右方，将砂糖和奶精放在小碟子上或茶杯旁，以供

放茶

客人酌情自取。另外，放置茶壶时，壶嘴不能正对他人，否则表示请人赶快离开。

3. 伸掌礼

伸掌礼是茶艺表演中经常使用的示意礼，多用于主人向客人敬奉各种物品时的礼节。主人用表示"请"，客人用表示"谢谢"，主客双方均可采用。

伸掌礼

伸掌礼的具体姿势为：四指并拢，虎口分开，手掌略向内凹，侧斜之掌伸于敬奉的物品旁，同时欠身点头并微笑。如果两人面对面，均伸右掌行礼对答；两人并坐时，右侧一方伸右掌行礼，左侧一方伸左掌行礼。

除了以上几种奉茶的礼仪，我们还需要注意：茶水不可斟满，以七分为宜；水温不宜太烫，以免把客人烫伤；若有两位以上的客人，奉上的茶汤一定要均匀，最好使用公道杯。

若我们按照以上礼仪待客，一定会让客人感觉到我们的真诚与敬意，还可以增进彼此之间的关系，起到良好的沟通作用。

品茶中的礼仪

品茶不仅仅是品尝茶汤的味道，一般包括审茶、观茶、品茶三道程序。待分辨出茶品质的好坏、水温是否适宜、茶叶的形态之后，才开始真正品茶。品茶时包含多种礼仪，使用不同茶器时礼仪有所差别。

1. 用玻璃杯品茶的礼仪

一般来说，高级绿茶或花草茶往往使用玻璃杯冲泡。用玻璃杯品茶的方法是：用右手握住玻璃杯，左手托着杯底，分三次将茶水细细品啜。如果饮用的是花草茶，可以用小勺轻轻搅动茶水，直至其变色。具体方法是：把杯子放在桌上，一只手轻轻扶着杯子，另一只手的大拇指和食指轻捏勺柄，按顺时针方向慢慢搅动。这个过程中需要注意的是，不要来回搅动，这样的动作很不雅观。当搅动

用玻璃杯品茶的礼仪

几圈之后，茶汤的香味就会溢出来，其色泽也发生改变，变得透明晶莹，且带有浅淡的花果颜色。品饮的时候，要把小勺取出，不要放在茶杯中，也不要边搅动边喝，这样会显得很没礼貌。

2. 用盖碗品茶的礼仪

用盖碗品茶的标准姿势是：拿盖的手用大拇指和中指持盖顶，接着将盖略微倾斜，用靠近自己这面的盖边沿轻刮茶水水面，其目的在于将碗中的茶叶拨到一边，以防喝到茶叶。接着，拿杯子的手慢慢抬起，如果茶水很烫，此时可以轻轻吹一吹，但切不可发出声音。

用盖碗品茶的礼仪

 茶典、茶人与茶事

蔡君谟优秀的辨茶能力

宋代彭乘的《墨客挥犀》中有这样的记载："蔡君谟善辨茶，后人莫及。建安能仁院有茶生石缝间，寺僧采造，得茶八饼，号石岩白，以四饼遗君谟，以四饼密遣人走京师，遗王内翰禹玉。岁余，君谟被召还阙，访禹玉。禹玉命子弟于茶笥中，选取茶之精品者碾待君谟。君谟捧瓯未尝，辄曰：'此茶极似能仁石岩白，公何从得之？'禹玉未信，索茶贴验之，乃服。"

蔡君谟不仅能分辨出茶的品种产地，甚至相传其连差异很小的大小团茶泡在同一杯茶中也能辨别出来，可见其优秀的辨茶能力。

3. 用瓷杯品茶的礼仪

人们一般用瓷杯冲泡红茶。无论自己喝茶还是与其他人一同饮茶，都需要注意男女握杯的差别：品茶时，如果是男士，拿着瓷杯的手要尽量收拢；而女士可以把右手食指与小指弯曲呈兰花指状，左手指尖托住杯底，这样显得迷人而又优雅。总体来说，握杯的时候右手大拇指、中指握住杯两侧，无名指抵住杯底，食指及小指自然弯曲。

用瓷杯品茶的礼仪

倒茶的礼仪

茶叶冲泡好之后，需要茶艺师或泡茶者为宾客倒茶。倒茶的礼仪包括以下两个方面，既适用于客户来公司拜访，也适用于商务餐桌。

1. 倒茶顺序

我们宴请几位友人或是出席一些茶宴，这时就涉及倒茶顺序的问题。一般来说，如果客人不止一位，那么首先要从年长者或女士开始倒茶。如果对方有职位的差别，那么应该先为领导倒茶，接着再给年长者或女士倒茶。如果在场的几位宾客中，有一位是自己领导，那么应该以宾客优先，最后才给自己的领导倒茶。

简言之，倒茶的时候，如果分宾主，那么要先给宾客倒，然后才是主人；宾客如果为多人，则根据他们的年龄、职位、性别不同来倒茶，年龄按先老后幼，职位则从高到低，性别是女士优先。

这个顺序切不可打乱，否则会让宾客觉得倒茶者太失礼了。

2. 续茶

品茶一段时间之后，客人杯子中的茶水可能已经饮下大半，这时我们需要为客人续茶。续茶的顺序与上面相同，也是要先给宾客添加，接着是自己领导，最后再给自己添加。续茶的方法是：用大拇指、食指和中指握住杯把，从桌上端起茶杯，侧过身去，将茶水注入杯中，这样能显得倒茶者举止文雅。另外，给客人续茶时，不要等客人喝到杯子快见底了再添加，而要勤斟少加。

如果在茶馆中，我们可以示意服务生过来添茶，还可以让他们把茶壶留下，由我们自己添加。一般来说，如果气氛出现了尴尬的时候，或完全找不到谈论话题时，也可以通过续茶这一方法掩饰一下，拖延时间以寻找话题。

另外，宾客中如果有外国人，他们往往喜欢在红茶中加糖，那么倒茶之前最好先询问一下对方是否需要加糖。

倒茶需要讲究上述礼仪，若是对这些礼仪完全不懂，那么失去的不仅是自己的修养问题，也许还会影响生意等，切莫小看。

习茶的基本礼仪

习茶的基本礼仪包括站姿、坐姿、跪姿、行走和行礼等多方面内容，这些都是需要茶艺师或泡茶者必须掌握的动作，也是茶艺中标准的礼仪之一。

1. 站姿

站立的姿势算得上是茶艺表演中仪表美的基础。有时茶艺师因要多次离席，让客人观看茶样，并为宾客奉茶、奉点心等，时站时坐不太方便，或者桌子较高，下坐不方便，往往采用站立的姿势表演。因此，站姿对于茶艺表演来说十分重要。

站姿的动作要求是：双脚并拢身体挺直，双肩放松；头正下颌微收，双眼平视。女性右手在上，双手虎口交握，置于身前；男性双脚微呈外八字分开，左手在上，双手虎口交握置于小腹部。

站姿既要符合表演身份的最佳站立姿势，也要注意茶艺师面部的表情，用真诚、美好的目光与观众亲切地交流。另外，挺拔的站姿会将一种优美高雅、庄重大方、积极向上的美好印象传达给大家。

女性茶艺师的站姿

2. 坐姿

坐姿是指屈腿端坐的姿态，在茶艺表演中代表一种静态之美。它的具体姿势为：茶艺师端坐椅子中央，双腿并拢；上身挺直，双肩放松；头正下颌微敛，舌尖抵下颚；眼可平视或略垂视，面部表情自然；男性双手分开如肩宽，半握拳轻搭前方桌沿；女性右手在上，双手虎口交握，置放胸前或面前桌沿。

另外，茶艺师或泡茶者身体要坐正，腰杆要挺直，以保持美丽、优雅的姿势。两臂与肩膀不要因为持壶、倒茶、冲水而不自觉地抬得太高，甚至身体都歪到一边。全身放松，调匀呼吸，集中注意力。

女性习茶（坐姿）

如果大家作为宾客坐在沙发上，切不可怎么舒适怎么坐，也是要讲求礼仪的。如果是男性，可以双手搭于扶手上，两腿可架成二郎腿但双脚必须下垂且不可抖动；如果是女性，则可以正坐，或双腿并拢偏向一侧斜坐，脚踝可以交叉，时间久了可以换一侧，双手在前方交握并轻搭在腿根上。

3. 跪姿

跪姿是指双膝触地，臀部坐于自己小腿的姿态。它分为以下三种姿势。

＊跪坐

跪坐，也就是日本茶道中的"正坐"。这个姿势为：放松双肩，挺直腰背，头端正，下颌略微收敛，舌尖抵上颚；两腿并拢，双膝跪在坐垫上，双脚的脚背相搭着地，臀部坐在双脚上；双手搭放于大腿上，女性右手在上，男性左手在上。

＊单腿跪蹲

单腿跪蹲的姿势常用于奉茶。具体动作为：左腿膝盖与着地的左脚呈直角相屈，右腿膝盖与右足尖同时点地，其余姿势同跪坐一样。另外，如果桌面较高，可以转换为单腿半蹲式，即左脚前跨一步，膝盖稍稍弯曲，右腿的膝盖顶在左腿小腿肚上。

＊盘腿坐

盘腿坐只适合男士，动作为：双腿向内屈伸盘起，双手分搭在两腿膝盖处，其他姿势同跪姿一样。

一般来说，跪姿主要出现在日本和韩国的茶艺表演中。

4. 行走

行走是茶艺表演中的一种动态美，其基本要求为：以站姿为基础，在行走的过程中双肩放松，目光平视，下颌微微收敛。男性可以双臂下垂，放在身体两侧，随走动步伐自然摆动；女性双手同站姿时一样交握在身前行走。

眼神、表情以及身体各个部位有效配合，不要随意扭动上身，尽量沿着一条直线行走，这样才能走出

行走

茶艺师的风情与优雅。

走路的速度与幅度在行走中都有严格的要求。一般来说，行走时要保持一定的步速，不宜过急，否则会给人急躁、不稳重的感觉；步幅以每步前后脚之间距离30厘米为宜，不宜过大也不宜过小，这样才会显得步履款款，走姿轻盈。

5. 行礼

行礼主要表现为鞠躬，可分为站式、坐式和跪式三种。

站式鞠躬与坐式鞠躬比较常用，其动作要领是：两手平贴小腹部，上半身平直弯腰，弯腰时吐气，直身时吸气，弯腰到位后略作停顿，再慢慢直起上身；行礼的速度宜与他人保持一致，以免出现不协调感。

行礼根据其对象，可分为"真礼""行礼""草礼"三种。"真礼"用于主客之间，"行礼"用于客人之间，而"草礼"用于说话前后。"真礼"时，要求茶艺师或泡茶者上半身与地面呈90°，而"行礼"与"草礼"弯腰程度可以较低。

除了这几种习茶的礼仪，茶艺师还要做到一个"静"字，尽量用微笑、眼神、手势、姿势等示意，不主张用太多语言客套，还要求茶艺师调息静气，达到稳重的目的。一个小小的动作，轻柔而又表达清晰，使宾客不会觉得有任何压力。因而，茶艺师必须掌握好每个动作的分寸。

习茶的过程不主张繁文缛节，但是每个关乎礼仪的动作都应该始终贯穿其中。总体来说，不用幅度很大的礼仪动作，而是采用含蓄、温文尔雅、谦逊、诚挚的礼仪动作，这也可以表现出茶艺中含蓄内敛的特质，既美观又令宾客觉得温馨。

女性行礼

喝茶做客的礼仪

当我们以客人的身份去参加聚会时，或是去朋友家参加茶宴时，都不可忘记礼仪问题。面对礼貌有加的主人，如果我们的动作太过随意，一定会令主人觉得我们太没有礼貌，从而影响自己在对方心中的形象。

一般来说，喝茶做客需要注意以下几种礼仪：

1. 接茶

"以茶待客"，需要的不仅是主人的诚意，同时需要彼此间相互尊重。因此，接茶不仅可以看出一个人的品性，同时能反映出宾客的道德素养。

接茶

如果面对的是同辈或同事倒茶时，我们可以双手接过，也可单手，但一定要说声"谢谢"；如果面对长者为自己倒水，必须站起身，用双手去接杯子，同时致谢，这样才能显示出对长者的尊敬；如果我们不喝茶，要提前给对方一个信息，这样也能使对方减少不必要的麻烦。

在现实中，我们经常会看到一类人，他们觉得自己的身份地位都比倒茶者高，就很不屑地等对方将茶奉上，有的人甚至连接都不接，更不会说"谢谢"二字，他们认为对方倒茶是理所应当的。其实，这样倒显出其极没有礼貌，反而有失身份。所以，当你没来得及接茶时，至少要表达出感谢之情，这样才不会伤害到倒茶者的感情。

2. 品茶

品茶时宜用右手端杯子喝，如果不是特殊情况，切忌用两手端茶杯，否则会给倒茶者带来"茶不够热"的讯号。

品茶讲究三品，即用盖碗或瓷碗品茶时，要三口品完，切忌一口饮下。品茶的过程中，切忌大口吞咽，发出声响。如果茶水中漂浮着茶叶，可以用杯盖拂去，或轻轻吹开，千万不可用手从杯中捞出，更不要吃茶叶，这样都是极不礼貌的。

品茶

除此之外，如果喝的是奶茶，则需要使用

小勺。搅动之后，我们要把小勺放到杯子的相反一侧。

3. 赞赏

赞赏主要针对茶汤、泡茶手法及环境而言。赞赏的过程是一定要有的，这样可以表达对主人热情款待的感激之情。

一般来说，赞赏茶汤大致有以下几个要点：赞赏茶香清爽、幽雅；赞赏茶汤滋味浓厚持久，口中饱满；赞赏茶汤柔滑，自然流入喉中，不苦不涩；赞赏茶汤色泽清纯，无杂味。另外，如果主人或泡茶者的冲泡手法优美到位，还要对其赞赏一番，这并不是虚情假意的赞美，而是发自内心的感激。

4. 叩手礼

叩手礼也称叩指礼，是以手指轻轻叩击茶桌来行礼，且手指叩击桌面的次数与参与品茶者的情况直接相关。叩手礼是从古时的叩头礼演化而来的，古时的叩手礼是非常讲究的，必须屈腕握空拳，叩指关节。随着时间的推移，逐渐演化为将手弯曲，用几个指头轻叩桌面，以示谢忱。

现在流行一种不成文的习俗，即长辈或上级为晚辈或下级斟茶时，下级和晚辈必须用双手指作跪拜状叩击桌面两三下；晚辈或下级为长辈或上级斟茶时，长辈和上级只需用单指叩击桌面两三下即可。

有些地方也有着其他的方法，例如平辈之间互相敬茶或斟茶时，单指叩击桌面表示"谢谢你"；双指叩击桌面表示"我和我先生（太太）谢谢你"；三指叩击桌面表示"我们全家人感谢你"；等等。

以上喝茶做客的礼仪是必不可少的，如果我们到他人家中做客，一定不要忽视这些礼节，否则会使自己的形象大打折扣。

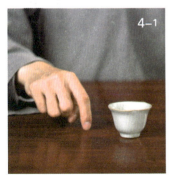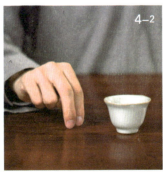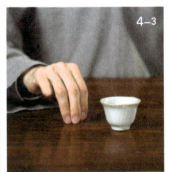

叩手礼

茶道与茶艺

修身养心论茶道

茶道是一种烹茶饮茶的艺术，也是一种以茶为媒的生活礼仪。它通过沏茶、赏茶、闻香、饮茶、评茶等过程美心修德、陶冶情操，因此被认为是修身养心的一种方式。茶道精神是茶文化的核心，亦是茶文化的灵魂所在，它既符合东方哲学"清净、恬淡"的思想，也符合佛道儒"内省修行"的思想，可以说茶道从很大程度上诠释了茶文化的内涵与精神。

1. 何谓茶道

"茶道"一词从使用以来，历代茶人都没有给它做过一个准确的定义，直到近年来，爱茶之人才开始讨论起这个悠久的词语来。有人认为，茶道是把饮茶作为一种精神上的享受，是一种艺术与修身养性的手段；也有人认为，茶道是一种对人进行礼法教育、道德修养的仪式；还有人认为，茶道是通过茶引导出个体在美的享受过程中实现全人类的和谐安乐之道。真可谓仁者见仁智者见智，一时间"茶道"这个词被茶人越来越多地探讨起来。

其实，每个人对茶道的理解都是正确的，茶道本就没有固定的定义，只需要人们细心体会。如果硬要为茶道下一个准确的定义，那么茶道反而会失去其神秘的美感，同时限制了爱茶之人的想象力。

一般认为，茶道兴起于唐代，在宋明时期达到了鼎盛。在宋朝，上至皇帝贵族，下至黎民百姓，无一不将饮茶作为生活中的大事。当时，茶道还形成了独特的

品茶法则，即"三点三不点"。"三点"其一是指新茶、甘泉、洁器；其二是指天气好；其三是指风流儒雅、气味相投的佳客，反之就是"三不点"。到了明朝，由于散茶兴起，茶道也展开了另一番辉煌的图景，其中爱茶之人也逐渐涌现出来，为悠久的茶文化留下浓墨重彩的一笔。

我国茶道中，饮茶之道是基础，饮茶修道是目的，也就是说，饮茶是中国茶道的根本。饮茶往往分四个层次，第一个层次是以茶解渴，为"喝茶"；第二个层次是注重茶、水、茶具的品质，细细品尝，为"品茶"；品茶的同时，我们还要鉴赏周围的环境与气氛，感受音乐，欣赏主人的冲泡技巧及手法，这个过程便是第三个层次，即"茶艺"；第四个层次，通过"品茶"和"茶艺"之后，由茶引入人生等问题，陶冶情操、修身养性，从而达到精神上的愉悦与性情上的升华，这便是饮茶的最高境界——"茶道"。

茶道不仅是一种关于泡茶、品茶、鉴茶、悟茶的艺术，同时算得上是大隐隐于市、修身养性的一种方式。它不但讲求表现形式，而且注重精神内涵，从而将茶文化的精髓在一缕茶香中传遍世界各地。

2.茶道中的身心享受

茶道中的身心享受可称为"怡"。中国的茶道中，可抚琴歌舞，可吟诗作画，可观月赏花，亦可论经对弈，可独对山水，亦可邀三五友人，共赏美景。儒生可"怡情悦性"，文人可"怡情养生"，僧人可"怡然自得"。中国茶道的这种怡悦性，使得它有极广泛的群众基础。

从古代开始，不同地位、不同信仰、不同阶级的人对茶道就有着不同的目的：古代的王公贵族讲茶道，意在炫耀富贵、附庸风雅，他们重视的往往是一种区别于"凡夫俗子"的独特；文人墨客讲究茶道，意在托物寄怀、激扬文思、交朋结友，他们真正地体会着茶之韵味；佛家讲茶道意在去困提神、参禅悟道，更重视茶德与茶效；普通百姓讲茶道，更多的是想去除油腻，一家人围坐在一起闲话家常……由此看来，上至皇帝，下至黎民，都可以修习茶道。而每位茶人都有自己的茶道，但殊途同归，品茶都给予他们精神上的满足和愉悦。

也可以说，如果身心都获得圆满，那么便领悟了茶道的终极追求，这也就是茶道中所说的身心享受——怡。

茶道中的"怡"，并不是指普通的感受，它包含三个层次：首先是五官的直观享受。茶道的修习是从茶艺开始的。优美的品茶环境，精致的茶具，幽幽的茶香，都会对修习者造成强烈的视觉冲击，并将最直观的感受传递给修习者。其次是愉悦的审美享受，即在闻茶香、观汤色、品茶味的同时，修习者的情思也会在不知不觉间变得敏感起来。再加上此时泡茶者通常会对茶道讲出一番自己的理解，修习者就会感到身心舒坦、心旷神怡。最后是一种精神上的升华。提升自己的精神境界是中华茶道的最高层次，也是众多茶人追求的最高境界。当修习者悟出茶的物外之意时，他们便可以达到提升自我境界的目的了。

中国茶道是一种雅俗共赏的文化，它不仅存在于上流社会中，在百姓间也广为流行。正是因为"怡"这个特点，才让不同阶层的茶人都沉浸在茶的乐趣之中。

 茶典、茶人与茶事

陆卢遗风

陆卢遗风指的是要发扬陆羽和卢仝的茶道精神、品茶技艺、茶德茶风。陆卢遗风中的"陆"是指茶圣陆羽，他一生爱茶研究茶，撰写了第一本茶典《茶经》，对茶业做出了巨大的贡献，对后世的茶业有着很大影响，被世人誉为"茶仙""茶神"。"卢"是指唐代诗人卢仝，他一生爱茶，写过很多关于茶的诗歌、对联，流传至今，千年不衰。他的诗歌《走笔谢孟谏议寄新茶》，脍炙人口，是茶诗中的佳作。

茶道的终极追求

"真"是中国茶道的起点，也是中国茶道的终极追求。真，乃真理之真，真知之真，它最初源自道家观念，有返璞归真之意。

中国茶道在从事茶事活动时所讲究的"真"，包括茶应是真茶、真香、真味；泡茶的器具最好是真竹、真木、真陶、真瓷制成的；泡茶要"不夺真香，不损真味"；品茗的环境最好是真山真水，墙壁上挂的字画最好是名家名人真迹……

以上皆属于茶道中求真的"物之真"。除此之外，中国的茶道所追求的"真"还有另外三重含义：

第一，追求道之真。即通过茶事活动追求对"道"的真切体悟，达到修身养性、品味人生之目的。

第二，追求情之真。即通过品茗抒怀，使茶友之间的真情得以发展，在邀请友人品茶的时候，敬客要真情，说话要真诚，从而达到茶人之间互见真心的境界。

第三，追求性之真。即在品茗过程中，真正放松自己，在无我的境界中去放飞自己的心灵，放牧自己的天性，让自己飞翔在一片无拘无束的天空中。

中国人不轻易言"道"，而一旦论道，则执着于"道"，追求于"真"。饮茶的真谛就在于启发人们的智慧与良知，使人在日常生活中俭德行事，淡泊明志，步入真、善、美的境界。当我们以真心来品真茶，以真意来待真情时，想必就理解茶道的终极追求了。

1. 茶道的自然美

茶道是中国传统文化的精髓，也是中国古典美学的基本特征和文化沉淀。它用自身的特性和独特的美感将古代各家的美学思想融为一体，构成了茶道独特的自然美感。

茶道在美学方面追求自然之美、协调之美和瞬间之美。中华茶道的自然之美，赋予美学以无限的生命力和艺术魅力，具体表现为虚静之美与简约之美。

＊虚静之美

虚，即无的意思。天地本就是从虚无中而来，万事万物也是从虚无中而生。静从虚中产生，有虚才有静，无虚则无静。我国茶道中提出的"虚静"，不仅是指心灵的虚静，也指品茗环境的宁静。在茶道的每一个环节中，仔细品味宁静之美，只有摒弃了尘世的浮躁之音后，我们才能聆听到自然界每一种细微的声音。

＊简约之美

简，即简单的意思。约，乃是俭约之意。茶，其贵乎简易，而非贵乎烦琐；贵乎俭约，而非贵乎骄奢。茶历来是雅俗共赏之物，也因其简朴而被世人喜爱，越是简单的茶，人们越能从中品出其独特的味道。

我国茶道追求真、善、美的艺术境界，这与其自然美是分不开的。从采摘到制作，茶经历的每一个过程都追求自然，而不刻意。茶的品种众多，但给人的感觉无一不是自然纯粹的，无论从色泽到香气，都能让人感受到大自然的芬芳美感，相信这也是人们爱茶的根本原因之一吧。

2. 茶道与茶艺的关系

茶文化研究者曾提出茶道与茶艺之间的关系，他们认为，为了弘扬茶文化、推广品饮茗茶的习俗，有人提出使用"茶道"一词，但是中国虽自古有"茶道"之说，但"道"字特别庄重，远远高于日常生活。因此，茶学家希望民众能普遍接受茶文化，因而提出了"茶艺"一词，即以茶为主体，将艺术融于生活以丰富生活。由此来看，"茶艺"产生的目的在于生活不在于茶。

茶道与茶艺之间既有区别又有联系：茶艺是茶道的具体形式，茶道是茶艺的精神内涵；茶艺是有形的行为，而茶道是无形的意识。正因为有了茶艺和茶道的存在，饮茶活动的目的才具有了更高的层次，人们才可以在最普通的日常喝茶中培养自己良好的行为规范以及与他人和谐相处的素养。

茶道与茶艺的差别表现在：茶艺本身对品茶更加重视。俗语说："三口为品。"品茶主要就在于运用自己视觉、味觉等感官上的感受来品鉴茶的滋味。因而，与茶道相比，茶艺更加讲究茶、水、茶具的品质以及品茶环境等。若能找到茶中佳品、优质的茶具或是清雅的品茶之地，茶艺就会发挥得更加尽善尽美，我们也将在满足自己解渴、提神等生理需要的同时，使自己的心理需求得到满足。也就是说，相对于喝茶而言，外在的物质对于茶艺的影响更大一些。

当品茶达到一定境界之后，我们就不再满足于感官上的愉悦和心理上的愉悦了，只有将自己的境界提升到更高的层次，才能得到真正的圆满和解脱。于是，茶艺在这一时刻就要提升一个层次，形成茶道了。这时，我们关注的重点也发生了变化，从对外在物质的重视转移到通过品茶探究人生奥妙的思想理念上来。品茶活动也不再重视茶品的资质、泡茶用水、茶具及品茶环境的选择，而是通过对茶汤甘、香、滑、重的鉴别将自己对于天地万物的认知与了解融会贯通。因此，从某种意义上说，品茶活动已经变成了茶道活动的同义词了。

除此之外，茶道和茶艺不能等同的原因还在于茶道自问世至今已经形成了前后传承的完整脉络、思想体系、形式与内容，而茶艺却是直到明清时期才形成的关于专门冲泡技艺的范式。虽然茶艺的流传促进了茶事活动的发展，但是从概念上讲，仍不能被称作"茶道"。

茶道与茶艺几乎同时产生，同时遭遇低谷，又同时在当代复兴。可以说，二者是相辅相成的，虽然在某种程度上我们无法使其界限十分分明，但二者是各自独立的，不能混淆。

3.中国的茶道流派

中国的茶道已经流传了千年，沉浸在其中的人们越来越多。由于品茶人文化背景的不同，中国的茶道流派可分为四大类，即贵族茶道、雅士茶道、世俗茶道和禅宗茶道。

＊贵族茶道

贵族茶道由贡茶演化而来，源于明清的潮州工夫茶，发展到今天已经日趋大众化。贵族茶道最早流传于达官贵人、富商大贾和豪门乡绅之间。他们不必懂诗词歌赋、琴棋书画，但一定要身份尊贵，有地位，且家中一定要富有。他们用来品饮的茶叶、水、器具都极尽奢华，可谓是"精茶、真水、活火、妙器"缺一不可。如此的贵族茶道，无非是在炫耀其权力与地位，似乎不如此便有损自己的形象与脸面。

《华阳国志·巴志》中记载，周武王姬发联合当时居住在川、陕、鄂一带的庸、蜀、羌、髳、微、卢、彭、濮几个方国共同伐纣，最终凯旋。此后，巴蜀之地所产的茶叶便正式列为朝廷贡品。这便是将茶列为贡品的最早记载。

茶的功能虽然被大众认知，而一旦被列为贡品，首先享用的必然是皇室成员。正因为各地要进献贡茶，在某种程度上也造成了百姓的疾苦。试想，当黎民为了贡茶夜不得息、昼不得停地劳作，得到的茶叶却被贵族们用来攀比炫耀，即便茶本是洁品，也会失去其质朴的品格和济世活人的德行了吧。

＊雅士茶道

雅士茶道中的茶人主要是古代的知识分子，他们有机会得到名茶，有条件品茗，是他们最先培养起对茶的精细感觉，也是他们雅化了茶事并创立了雅士茶道。

中国文人嗜茶者在魏晋之前并不多见，且人数寥寥，懂得品饮者也只有三五人而已。但唐以后凡著名文人不嗜茶者几乎没有，不仅品饮，还咏之以诗。但自从唐代以后，这些文人雅士颇不赞同魏晋的所谓名士风度，一改"狂放啸傲、栖隐山林、向道慕仙"的文人作风，人人有"入世"之想，希望一展所学、留名千古。于是，文人的作风变得冷静、务实，以茶代酒便蔚为时尚，随着社会及文化的转变，开始担任茶道的主角。

对于饮茶，雅士们已不只图止渴、消食、提神，而在乎导引人之精神步入超凡脱俗的境界，于清新雅致的品茗中悟出点什么。"雅"体现在品茗之趣、以茶会友、雅化茶事等方面。茶人之意在乎山水之间，在乎风月之间，在乎诗文之间，在乎名利之间，希望有所发现、有所寄托、有所忘怀。由于茶助文思，于是兴起了品茶文学、品水文学。除此之外，还有茶歌、茶画、茶戏等。于是，雅士茶道使饮茶升华为精神的享受。

＊世俗茶道

茶是雅物，也是俗物，它生发于"茶之味"，以享乐人生为宗旨，因而添了几分世俗气息。从茶叶打开丝绸之路输往海外开始，茶便与政治结缘；文成公主和亲西藏，带去了香茶；宋朝朝廷将茶供给西夏，以取悦强敌；明朝将茶储边易马，用茶作为撒手锏"以制番人之死命"……由此来看，茶在古代被用在各种各样的途径上。

而现代茶的用途也不在少数，作为特色的礼品，人情往来靠它，成好事也成坏事，有时温情，有时却显势利。但茶终究是茶，虽常被扔进社会这个大染缸之中，可罪却不在它。

茶作为俗物，由"茶之味"竟生发出五花八门的茶道，家庭茶道、社区茶道、平民茶道等，其中确实含有较多的学问。为了使这些学问更加完整与系统，我们可将这些概括为世俗茶道。如今，随着生活水平的逐渐提高，生活节奏的加快，

 茶典、茶人与茶事

最初的茶

饮茶的历史非常久远，最初的茶是作为一种食物而被认识的。唐代陆羽在《茶经》中说："茶之为饮，发乎神农氏。"古人也有传说："神农尝百草，日遇七十二毒，得荼（茶）而解之。"

神农为上古时代的部落首领、农业始祖、中华药祖，史书还将他列为三皇之一。据说，神农当年是在鄂西神农架中尝百草的。神农架是一片古老的山林，充满着神秘的气息，至今还保留着一些原始宗教的茶图腾。

还出现了许多速溶茶、袋泡茶，都是既方便又实用的饮品。

*禅宗茶道

唐代著名诗僧皎然是中华茶道的奠基人之一，他提出的"三饮便得道"为禅宗和茶道之间架起了第一座桥梁。另外，佛家认为茶有三德，即坐禅时通夜不眠；满腹时帮助消化；还可抑制性欲。由此，茶成为佛门首选饮品。

古代多数名茶都与佛门有关，例如有名的西湖龙井茶。陆羽在《茶经》中说："钱塘生天竺、灵隐二寺"；阳羡茶的最早培植者也是僧人；松萝茶也是由一位佛教徒创制的；安溪铁观音"重如铁，美如观音"，其名取自佛经；普陀佛茶更不必说，直接以"佛"名其茶……

茶与佛门有着千丝万缕的联系，佛门中居士"清课"有焚香、煮茗、习静、寻僧、奉佛、参禅、说法、做佛事、翻经、忏悔、放生等许多内容，其中"煮茗"位列第二，由此可知"禅茶一味"的提法所言非虚。

现如今，中国的茶道仍然对世界产生深远影响，它将日常的物质生活上升到精神文化层次，既是饮茶的艺术，也是生活的艺术，更成为人生的艺术。

4.中国茶道的三种表现形式

中国茶道有三种表现形式，即煎茶、斗茶和工夫茶。

*煎茶

煎茶是从何时何地产生，没有明确的记载，但我们可以从诗词中捕捉到其身影。宋代文学家苏东坡在《试院煎茶》中写道："君不见，昔时李生好客手自煎，贵从活火发新泉。又不见，今时潞公煎茶学西蜀，定州花瓷琢红玉。"由此看来，苏东坡认为煎茶出自西蜀。

古人对茶叶的食用方法经过了几次变迁，先是生嚼，后又加水煮成汤饮用，直到秦汉以后，才出现了半制半饮的煎茶法。唐代时，人们饮的主要是经蒸压而成的茶饼，在煎茶前，首先将茶饼碾碎，再用火烤制，烤到茶饼呈现"蛤蟆背"时才可以。然后将烤好的茶趁热包好，以免香气散掉，等到茶饼冷却时将它们研磨成细末。最后以风炉和釜作为烧水器具，将茶加以山泉水煎煮。这便是唐代民间煎茶的方法，由此看来，当时的人们已经在煎茶的技艺上颇为讲究，过程既烦琐又仔细。

＊斗茶

斗茶又称茗战，兴于唐代末，盛于宋代，是古代品茶艺术的最高表现形式，要经过炙茶、碾茶、罗茶、候汤、熁盏、点茶六个步骤。

斗茶是古代文人雅士的一种品茶艺术，他们各自携带茶与水，通过比斗、品尝、鉴赏茶汤而决定优胜。斗茶的标准主要有两个方面：

一是汤色。斗茶对茶水的颜色有着严格的标准，一般标准是以纯白为上，青白、灰白、黄白等次之。纯白的颜色表明茶质鲜嫩，蒸时火候恰到好处；如果颜色泛红，是炒焙火候过了头；颜色发青，则表明蒸时火候不足；颜色泛黄，是采摘不及时；颜色泛灰，是蒸时火候太老。

二是汤花。汤花是指汤面泛起的泡沫。汤花也有两条标准：其一是汤花的色泽，其标准与汤色的标准一样；其二是汤花泛起后，以水痕出现的早晚定胜负，早者为负，晚者为胜。如果茶末研碾细腻，点汤、击拂恰到好处，汤花匀细，就可以紧咬盏沿，久聚不散，名曰"咬盏"。反之，汤花泛起，不能咬盏，会很快散开。汤花一散，汤与盏相接的地方就会露出茶色水线，即水痕。

斗茶的最终目的是品茶，通过品茶汤、看色泽等这些比斗，评选出茶的优劣，唯有那些色、香、味俱佳的茶才算得上好茶，而拥有者才能算斗茶胜利。

＊工夫茶

工夫茶起源于宋代，在广东潮汕地区以及福建一带最为盛行。工夫茶讲究沏茶、泡茶的方式，对全过程操作手艺要求极高，没有一定的工夫是做不到的，既

费时又费工夫，因此称为工夫茶。有些人常把"工夫茶"当作"功夫茶"，其实是错误的，因为潮州话"工夫"与"功夫"读音不同，本地人能够区分，但外地人经常混淆。

工夫茶在日常饮用中，从点火烧水开始，到置茶、备器，再到冲水、洗茶、冲茶，再经过冲水、冲泡、冲茶，稍候片刻才可以被人慢慢细饮。之后，再添水烧煮重复第二泡的过程，数泡以后换茶再泡，这一系列过程听起来就十分耗费时间。

工夫茶所需要的物品都比较讲究，茶具要选择小巧的，一壶带 2—4 个杯子，以便控制泡茶的品质；冲泡的水最好是天然的山泉水；茶叶一般选择乌龙茶，以使得冲泡数次后仍有余香。另外，冲泡工夫茶的手艺也是有较高要求的。

中国茶道的这三种表现形式，不仅包含着我国古代朴素的辩证唯物主义思想，而且包含了人们主观的审美情趣和精神寄托，它渲染了茶性清纯、幽雅、质朴的气质，同时增强了艺术感染力，是我国茶文化的瑰宝。

5. 日本茶道

茶道起源于中国，但在日本特别盛行。日本人把茶道视为日本文化的结晶，也是日本文化的代表，它摆脱了日常生活中的污秽，是建立在崇尚生活美基础之上的一种仪式。

日本的茶道比较规矩，要求也比较严格。它的举行场所一般包括茶的庭园和茶的建筑。茶的庭园指露地，茶的建筑指茶室。

客人进入茶室前，首先要通过露地。这时，客人需要先洗手和漱口，等到主人出来迎接时，客人还要在庭院中打水再清洗一次。这样做既表达了对主人的尊敬，其寓意又表达茶道的场所乃圣洁之境。

接下来进入茶室。茶室的布置与我国大致相同，墙壁上挂着与茶事有关的古画、诗词，以提升主人的文学修养和对艺术的鉴赏能力；茶室内摆放鲜花，并配以与之相适的花瓶，花瓶一般用金属、陶瓷等制成，可以使整个茶室既雅静又富有生机和活力；茶碗、茶盒、水罐等用具都是金属、木、漆、染织等工艺品，这些小巧精致的摆设既朴素又新鲜，点缀茶室的同时，也可以使人心情愉悦。茶室中，与我国略有不同的地方在于，日本茶室有一个高 60 厘米的四方小门，只能侧身而入，据说这样隐秘的入口代表了里面的茶室是虚拟的、非现实的空间，听起来让人觉得十分神秘。

日本茶道品茶场所要幽雅，茶叶要碾得精细，茶具要擦得干净，主持人的动作要规范，既要有舞蹈般的节奏感和飘逸感，又要准确到位。

客人坐好后，主人并不会直接煮茶待客，而是先招待客人吃饭，同时，主人还要准备好清酒以供客人品饮。款待客人的菜肴并不丰盛，但一定要选用新鲜的蔬菜和水产，还要有季节感，且搭配的菜谱也有讲究。

主人的待客方法很有讲究，客人也不例外。客人在吃饭的时候一定要讲究礼仪，不可狼吞虎咽，要细嚼慢咽地慢慢吃。同样地，饮酒时也一定不能大口喝下，反而要用小盏分三口慢慢品。这样才能表达出对主人热情款待的敬意，以及对食物的感恩之心。

料理结束后，才进行点茶和饮茶的步骤。这时，客人不会继续在茶室中等待，而是要暂时回避，以给主人一些时间准备。等到客人再次进入茶室时，主人才会正式开始点茶。首先，主人先为客人端上点心，点心的种类由茶的浓淡决定，如果是浓茶，所配点心通常是糯米做的豆馅点心；如果是淡茶，通常用小脆饼作为点心。

接着，主人需要用风炉生火，煮水，然后准备饮茶器具。这个过程与我国茶道有些不同，他们会将已经擦洗过的茶具再擦洗一次，所用的工具是一块手帕大小的绸缎，之后才会用开水消毒。

然后便是点茶的主要过程：主人先用精致的小茶勺向茶碗中放入适量的茶叶，再用水舀将沸水倾入碗内。这个过程中需要注意的是，茶水不能外溢，与我国"斟茶七分满"很像，而且倒水时要尽量让水发出声音。

点茶完毕后，主人需要用双手将茶碗捧起，依次给宾客分茶，客人要先向主人致谢才可接过茶碗。在品茶的过程中，宾客需要吸气，并发出"咝咝"的声音，声音越大，表示对主人的茶品越赞赏；茶汤饮尽时，还要用大拇指和洁净的纸擦干茶碗，并仔细欣赏茶具，边看边赞"好茶"，以表达对主人的敬意。如此看来，整个茶道过程比较复杂，规格较高、较正式的茶道往往会用一个多小时的时间。

日本茶道需要遵守"四规"和"七则"。这四规分别为"和、敬、清、寂"，与我国茶道中的"和、静、怡、真"有异曲同工之妙。"七则"代表的是煮茶品茶茶境的七个特色，分别为准备一尺四寸见方的炉子；炉子的位置摆放要合适；适度的火候；水的温度要因季节不同而变化；茶具要能体现茶叶的色香味；点茶要有浓淡之分；茶室要整洁并且插花，且要与环境相配。由此得知，日本的茶道果然极其严谨，单凭这一系列的过程就令人觉得郑重其事。

日本茶道融合了诸多文化，例如文学、美术、园艺、烹调以及建筑等，它以饮茶为主体，延展出许多文化内涵，可以称得上是一门综合性艺术活动。

6. 韩国茶道

韩国自新罗善德女王时期引入茶文化，时至今日已经有一千多年的历史。在一千多年的岁月中，韩国逐渐形成了种类繁多、特色各异的茶道。与我国相似的是，韩国茶道也有四大宗旨，即"和、敬、俭、真"。

如果按照名茶类型来区分，韩国茶道可以分为"饼茶法""钱茶法""末茶法""叶茶法"等。以下我们简单介绍一下"叶茶法"的茶道过程：

*迎宾

迎宾即宾客光临时，主人到大门口的恭迎。此时，主人需要用"请进""谢谢""欢迎光临"等迎接词欢迎宾客；客人必须以年龄高低按顺序进入。进入茶室后，主人必须站在东南方向，同时向来宾表示欢迎，接着坐到茶室的东面向西，而客人坐在西面向东。

*温具

主人沏茶前，应该先折叠好茶巾，将茶巾放置在茶具左边。接着，将沸水注入茶壶、茶杯中，进行温壶、温杯的过程，接着倒出热水。

＊沏茶

沏茶的过程根据季节有不同的投茶方法。一般而言，春秋季采用中投法，夏季采用上投法，冬季则采用下投法。

冲泡好茶汤之后，按自右至左的顺序，分三次缓缓注入杯中，茶汤量以斟至杯子的六七分满为宜，不要超过茶杯容量的70%。

＊品茗

茶沏好之后，泡茶者需要以右手举杯托，左手把住手袖，恭敬地将茶杯捧至来宾前的茶桌上，再回到自己的茶桌前捧起自己的茶杯，对宾客行注目礼，同时说"请喝茶"，而来宾答过"谢谢"之后，宾主才可以一起举杯品饮。在品茶的过程中，还可以用一些清淡茶食来佐茶，例如各式糕饼、水果等。

茶在韩国的社会生活中占据着非常重要的地位，许多学校都开设了茶文化课。年满20岁的青年要学习茶道礼仪之后才能进入成年人的行列，由此可见，韩国对茶的重视程度之高。也正因如此，茶才能走进韩国千家万户的生活中。

7. 英式茶道

中国茶道在世界上一直享有盛名，但鲜为人知的是，英国也有其特有的茶道，而且英国茶道在内容和方式上都有一些独特的规矩，很值得我们学习与借鉴。

＊不用沸水冲茶

英式茶道中一个主要的特点就是不用滚烫的开水冲茶。他们认为，温度过高的茶水会刺激口腔并引发口腔癌，另外，也避免烫水使茶叶中的营养物质被分解、破坏。因此，英国人习惯于将刚刚煮沸的开水置于室温下冷却上几分钟，再缓缓将半烫的水注入茶壶中，最后注入杯中喝时已是"半热半凉"的了。

＊尽量避免使茶水在茶壶中放置过久

英式茶道的另一个特点是，尽量不让茶水在茶壶中停放过久，即在将热水冲入茶壶后仅几分钟，便马上把茶水注入茶杯中，这样做可以尽快使茶水与茶叶相分离。英国人认为，尽管茶叶含有多种人体所必需的营养物质，但冲泡过于长久的茶叶会释放出有害人体健康的有毒物质。因

此，英国人喝的茶水往往比我们的要清淡
得多。

*不钟情于浓茶

英国人认为，浓茶容易使神经系统过度
兴奋，导致失眠或慢性头疼，对健康利少弊
多。因此，他们并不钟情于浓茶，尤其是
老人和孩子，对浓茶更是敬而远之。除此

> 川宁茶是英国皇室的御用茶
> 之一，有着三百多年的历史。其不
> 仅有传统的红茶和绿茶系列，更有
> 果茶、花茶和冰茶等系列，特别适
> 合年青一代的口味。

之外，英国人在饭前饭后都习惯用淡淡的茶水漱口。他们认为，茶汤能促进骨骼和
牙齿生长、发育，并预防蛀牙以及抑制口腔内有害细菌的生长。另外，一些喜欢吸
烟的人在参加社交活动前也常常用淡茶水漱口，这样可以减轻口腔中残留的烟味。

*重视进茶"时间"

中国人随时都可以喝茶，英国人却不同，他们的喝茶时间相对讲究些。他们
认为茶水可以稀释胃酸，妨碍消化，因此饭前饭后都不喝茶，尤其是需要补充多
种营养物质的孕妇，更应绝对避免餐后即时饮茶。即便是饭后喝茶，也必须在用
餐完毕半小时之后才可。

*饮茶种类繁多

英式茶道重视身心享受，这体现在他们每日不同时段所品饮茶的种类。他们
认为，每天品饮各类茶，可以从中汲取多种多样的营养物质，还可以起到健身和
健心的功效。

英国人从早到晚所喝的茶大有不同，一般来说，他们在清晨热衷于喝味道较
为浓烈的印度茶，或直接喝一种混合了印度茶、斯里兰卡茶和肯尼亚茶的"伯爵
茶"，并在其中加入牛奶，调制成芳香四溢又营养丰富的奶茶，他们认为清晨喝这
类茶可以提神。午茶时，英国人为了冲淡奶油蛋糕或水果蛋糕的油腻，则品饮颜
色雅致、味道甘美的祁门红茶。下午茶对英国人来说，是一天之中最重要的。这
个时候，他们往往选择含印度茶和中国茶，并用"佛手茶"加以熏制的色泽深沉
的混合茶，这样可以体现优雅的环境与心境。晚上，英国人又会喝一些可以放松
心情，有助于睡眠的茶，例如被他们取名为"拉巴桑茶"的中国茶。

由此看来，英式茶道的确有着其独特之处，这也从某个角度诠释了中国茶文
化的无穷魅力，为世界茶文化的发展做出了巨大的贡献。

特别鸣谢

茶艺师：常玉等

茶　叶：北京御荣香贸易有限公司　北京泰顺云雾茶叶有限公司
　　　　北京九牧茗茶　沁香茶苑

茶　具：北京汇馨阁茶具店

场　地：北京茶韵股道股友俱乐部茶会所　北京锦武嘉业茶文化推广中心

茶　膳：北京新和京涛餐饮管理有限责任公司

外　景：徐州泰和茶馆　江苏省彭城书院　福建宇轩茶园